かんがえるタネ

# 半農半X的
# これからの生き方
# キーワードA to Z

塩見直紀

*Naoki Shiomi*

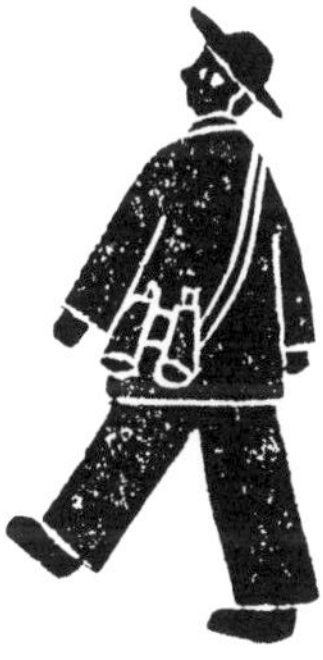

農文協

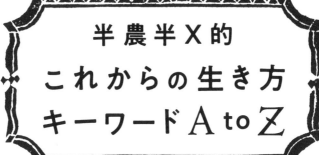

# はじめに——新しい時代をみんなでつくるための26のかんがえるタネ

10年ほど前から、古典的編集手法である「A to Z」にひかれてきました。人や地域（市区町村から集落・自治会まで）などをテーマに、アルファベットAからZまで26のキーワードをあげ、その魅力を可視化する実験をおこなってきたのです。たとえば「塩見直紀A to Z（本書13ページ参照）」や「ローカルビジネスのこころA to Z」「若者が住みたいまちA to Z」などです。

A to Zという この編集手法は、素人にも簡単に使え、挑戦するテーマの本質を表現することが可能です（おそらく8〜9割を網羅）。僕はそんなA to Zの魔法にひかれてきました。

思考の整理などにも効果的なこのツールをさらに広めたい。日常使いにしたい。A to Zで扱えるテーマは、自己探求や認知症など、未知のことへの理解を深められるだけでなく、探究学習などの教育分野、そしてまちづくり、ローカルビジネス、地方創生など、ビジネスも含む様々な世界でもっと活用してほしいと思っています。キーワードをあげるだけでなく、その内容をさらに深めていけば、本書のように1冊の本にすることも可能です。

本書のめざすところをひとことでいえば、**足元も大事にするし、変革性もあわせもつこと**です。**僕が半農半Xという生き方**を提唱してきたこの30年、めざしたのはそんな道でした。

いま「人生100年時代」といわれるようになりました。人生はとっても長い。でも、何が起こるのかわからないし、思った以上に短いかもしれません。

本書では未来が読めない時代にあって、それでもここは押さえておけばそう間違えることはない、ボタンを掛け違うこともない、人生をサバイバルできるし、みんなが周囲にも手を差し伸べることができる内容を伝えていけたらと思っています。

人生には遠回りも近道も大事だと思うのです。限られた時間を、遠回りもせず、近道志向・安定志向でもない。足元も大事にするし、冒険も楽しむ。ベーシックだけど、最先端。エッジが立っていながら、地方でほんとうに大事なことをやりながら暮らしている。そんなところをめざしたいと思います。

本書はそんな**生き方をかんがえるタネ**になることを、めざしたいと思います。

うれしいことに本書は「A to Zマニア」の僕が、「市販される本」というカタチで初めて書くA to Z本です。いままで僕が学んできたことから、これは今後も普遍性があるなと思うことを抽出、紹介しつつ、独自の考え方を加えて未来の方向性を提案する、日本の再生を願う本です。

僕がいままで生きてきた中で得た、**これからの生き方のキーワード**をAtoZ26個で洗い出し、星座を描くようにこれからのビジョンを描いていきます。読者のみなさんにも、本書を読んでいただく中で、自身の中に眠るすてきなキーワードを思い出してもらい、それを書きとめていただければと思っています。

そして読んだ後、それをみんなでシェアしあったり、あなた版のAtoZをいつか書いてもらい、「未来の筆者」になってもらうことも構想し、設計思想としています。

そのツールとして、AtoZの26の各キーワードの終わりには僕からの問いかけ**探究ワーク**を添えています。

- **あなたならどんなキーワードをあげる？**
- **各キーワードにちなんだ問い**　など

ペンと紙を用意して、読みながらメモしていただくとうれしいです。想いを文字にしてみることからすべては始まります。

# 目次



この本の読み方

※1　ことばの分類について　AtoZ、26のキーワードには、4つの分類（ことばの意味するところ）があります。

| | |
|---|---|
| ベース | これからの生き方についてのベースとなるもの（基盤、分母、恵み） |
| 今後の方向性 | これからの生き方の方向性を示し、方程式になるようなことば |
| キー動詞 | これからの生き方に対して大事になるアクション系の動詞 |
| 武器づくり | これからの生き方をよりたくましく生き延びるためのツール |

※2　コメントについて
本文の上に註を入れました。塩見からのコメントには「(塩見)」と入れています。

※3 **探究ワークについて**
各ことば（キーワード）の終わりに、いくつかの問いかけを入れています。ペンと紙を用意して、読みながらメモして、最後に一覧化してみてください。

※4 **「人物」「関連キーワード」について**
各ことば（キーワード）の終わりに、その本文に登場した人物名（50音順）と、本書内の関連キーワードを入れました。興味をもったら関連書を調べるなど、より学びを深めてくれるとうれしいです。

# A to Zという編集手法とは?

「A to Zという編集手法って、どういう方法なの?」「実際の例を知りたい!」「そのよささって何?」など、A to Zにまつわる疑問を紹介します。ここではA to Zの世界観を見てみましょう。

## ★A to Zとの出会いの物語

英語の辞書などを除き、A~Zのキーワードで編集された本と初めて出会ったのは、1993年の会社員時代。オーストラリアへの出張前に買った『オーストラリアA to Z』(堀武昭、丸善ライブラリー、1993年)でした。アボリジニ、キャプテンクックなどのキーワードが印象的でした。

本を手にしたのは「環境問題」と「天職問題」という、僕が「21世紀の2大問題」と呼ぶ課題と向き合っていたころです。その後、1993~1994年ころに「半農半X(農的暮らしを実践しつつ大好きなこと、ミッションを追求すること)」というコンセプトが生まれ、1999年に勤めていた会社を卒業。京都府綾部市へUターン(帰郷)します。

## ★AtoZという重宝なツール

やがて半農半Xを実践し、まちづくりにもかかわるようになった2004年ころ、1冊の本との大きな出会いがありました。木村衣有子さんの『京都のこころAtoZ――舞妓さんから喫茶店まで』（ポプラ社、2004年、文庫化は2009年）です。

特にひかれたのが、タイトルに「〜のこころ」と表現されていたこと。本書でも、その「こころ」を継承しています（本書の例では【J＝地元学のこころ】という項目があります）。

この木村さんのAtoZ本から、僕は3つのAtoZをつくってみたくなりました。

●「半農半XのこころAtoZ＝自由テーマAtoZ」（12ページ参照）
●「塩見直紀AtoZ＝自分AtoZ」（13ページ参照）
●「綾部のこころAtoZ＝地元(小さな市町村)のAtoZ」

つくってみて感じたのは、AtoZは自分探しからまちづくりまで、どんなテーマでも可能で、そのテーマを網羅することも深掘りもできる、とても重宝するツールになるということでした。

AtoZの世界を感じていただくためにマニアックなAtoZの市販本を紹介します。僕は「AtoZ」のタイトルがついた本を集めるのが趣味で、これまでコレクションしてきました。左の写真はその書棚の一部を写したものです。

**AtoZ本にはたとえば、こんな本が……**

『ロンドン AtoZ』（小林章夫 著、丸善ライブラリー、1991年）

『ROVAのフレンチカルチャー AtoZ』（小柳 帝 著、アスペクト、2014年）

『ジャマイカ＆レゲエ AtoZ』（エフエム東京、1997年、2005年と2010年に増補改訂版）

『赤毛のアン AtoZ —— モンゴメリが描いたアンの暮らしと自然』（奥田実紀 著、松成真理子 挿画、東洋書林、2001年）

『スヌーピーのひみつ AtoZ』（チャールズ・M・シュルツ、谷川俊太郎ほか 著、とんぼの本、新潮社、2016年）

『ゾンビで学ぶ AtoZ —— 来るべき終末を生き抜くために』（ポール・ルイス 著、ケン・ラマグ 絵、伊藤詔子 訳、小鳥遊書房、2019年）

『ザ・ビートルズ AtoZ —— アルファベットでたどる音楽世界』（ピーター・アッシャー 著、松田ようこ 訳、シンコーミュージック、2021年）

『ロラン・バルトによるロラン・バルト』（ロラン・バルト 著、石川美子 訳、みすず書房、2018年）

『ジル・ドゥルーズの「アベセデール」〈DVD〉』（ジル・ドゥルーズ 出演、國分功一郎 監修、KADOKAWA／角川学芸出版、2015年）

『美を生きるための26章 —— 芸術思想史の試み』（木下長宏 著、みすず書房、2009年）

『〈兆候〉の哲学 —— 思想のモチーフ26』（宇野邦一 著、青土社、2015年）

ほかにも扱われるテーマは猫、旅、文学賞、ロシア、作家の田辺聖子などさまざま。あなたも自分好みのAtoZ本を探してみてください！

# 僕のAtoZ本コレクション

# A to Zで半農半Xと自分を紹介する

古典的編集手法A to Zを知っていただくために、僕が提唱する「半農半X」というコンセプトと僕自身について、A to Zで自己紹介をしてみます。

「半農半XのこころAtoZ（本書バージョン）」

- **A** And。半農半Xとは、「農か天職か」ではなく、「農も天職も」という「ANDの発想」です。
- **B** Base。農、持続可能性、季節、自然という「ベース（基盤）、分母」を大事にします。
- **C** Calling。Xとは天職。内なる声や呼びかけに耳を傾けます。
- **D** どこでも。場所は都会でも田舎でもどこでもOK。暮らすまちや村を深掘りし、大好きになっていくイメージです。
- **E** Energy Charge。農的な時間からエネルギーチャージ！
- **F** Future Generations。将来世代につけをまわすのではなく、生き方の贈り物を！
- **G** ギフト、ギブの精神が大事！「獲得」より「与える」がキーワードです。
- **H** 広さ。畑や田んぼの面積、広さは関係なく、ベランダでも家庭菜園でもOK！
- **I** Inspiration。自然からのインスピレーションをXに、Xからの気づきを農に活かすなど、善循環が理想！
- **J** 時間。農の時間は朝だけでも、週末だけでもOK。リモートワークで「昼休み農」もいいですね。
- **K** 家族で農作業や家族のXを活かしていけたら最高です。
- **L** Long。長く続けたことはX（天職）のヒントかも。
- **M** Mission。人も他の生命もみんな、独自のX＝ミッション（使命）を持っています。
- **N** 農はとってもクリエイティブ。感性を磨くのに役立ちます。
- **O** Open Heart。心も身体もリラックス、オープンハートで。
- **P** Peace。万象との平和を希求するライフスタイルです。
- **Q** Quality of Life。QOLもきっとアップします！
- **R** Respect。先人の知恵をリスペクト！ 学べること、いっぱいです。
- **S** Sustainability。サステナビリティ（持続可能性）を大事に。
- **T** 得意なこと、大好きなことを社会に、未来に活かしていきましょう。
- **U** 運気。自然の暮らしで、きっと運気もあがっていくはず！
- **V** Volunteer。ボランティアがXでもOK！できることをしていくこと！
- **W** Work。理想は職住一体で3世代居住かな。
- **X** X meets X。それぞれのXを掛け合わせ、魅力ある社会に。X meets Xです！
- **Y** 野菜。まずはネギやサツマイモなどの身近な野菜だけでもOK！好きな野菜を育てていきましょう。
- **Z** ずっと。この地球がずっと続いていきますように。

## 「塩見直紀AtoZ（本書バージョン）」

**A** 綾部市。京都北部の綾部市が故郷です。肌着で有名なグンゼ、大本教、合気道の発祥の地です。

**B** Book。初めての著書『半農半Xという生き方』（ソニー・マガジンズ、2003年）は台湾、中国、韓国、ベトナムでも翻訳！

**C** Concept Make。20代から新概念創出＝コンセプトメイクにひかれてきました。

**D** Deview。執筆デビュー本は『青年帰農 —— 若者たちの新しい生きかた（現代農業2002年8月増刊）』（農文協）で、2022年は祝20年でした！

**E** Elementary School。小学校の同級生は9名。全校生徒60名の小さな学校が学び舎。

**F** Family。家族は下関出身の妻（大学の同級生）と社会人の一人娘（農学部出身）です。

**G** 芸大。50代で京都市立芸術大学大学院での学びにチャレンジ。いままでやってきたことにアートを加え、新たなものを生み出したい！

**H** ハマっていることは、日に4度、潮の流れを変える関門海峡の潮流観察。

**I** Inspire。自分をずっと鼓舞＝インスパイアしていきたい！

**J** Journey。新しい旅「天職観光」も提唱中！

**K** 子ども時代はファーブルにあこがれた昆虫少年。ソフトボールも大好きでした。

**L** Laboratory。1人1研究所を提唱。僕は2000年に半農半X研究所を始動！

**M** めざすところは、ことばで世界をデザイン！

**N** 農。実家は米や茶などをつくる兼業農家で、農に親しんできて、田畑や野山は感性を育む遊び場！

**O** Overseas。行ってみたい海外＝イギリスの古書の街ヘイ・オン・ワイ、ロシアのダーチャ、農業をしながら絵を描くフランスの村バルビゾン、バリ島。

**P** Photography。中学時代よりカメラにはまり、高校は写真部。自宅で白黒の現像やプリントも。

**Q** Quest。今、関心を持っていることは、シンガーソングライターの作品は何歳代がヒット曲が多いのか？　20～30代の時の作品？

**R** Respect。リスペクトするのは哲学者の内山節さん、思想家の宇根豊さん。

**S** 仕事。半農半Xを伝えることやX系のワークショップが仕事、ミッション。

**T** 食べ物。好きな食べ物は蕎麦とサラダ！

**U** 歌。好きな歌は加藤登紀子さんの「Revolution」。

**V** Village。故郷の旧小学校区は、信号がない村！

**W** Word。古今東西の名言を持ち寄り学ぶ「未来のことば大学」をみなさんとできたら！

**X** X-Photo。飛行機雲でも建築でも何でもXに見えてしまい、エックスフォトを撮ってます。目標1万枚。いつか写真展を！　インスタで公開中！

**Y** 夢。3年に1度、新潟で開催の「大地の芸術祭 越後妻有アートトリエンナーレ」で自作品の出品！

**Z** ずっと続けたいことは、他者に学びつつ、独自のものを創造し続けること。

# AtoZの魅力とは

AtoZという編集手法を使ってみたら、魅力や特徴が見えてきました！

使い方を他者に伝える、教えるのも簡単です（体験すると次は指導者にもなれる）

テーマは何でもOK。軽いものから重いテーマまで（アウシュビッツAtoZも可能）

国内外の人と、同じフォームで同時にキーワード出しも可。ワールドワイドツール！

仕上がりのカタチも多様。名刺でもチラシでも、冊子、本、動画にもなります

キーワードは日本語だけでも、英語のみでも。他の言語とのちゃんぽんでも

編集が簡単、章立てや組み立て不要。AからZに並べるだけ！

ここがおもしろい！

AtoZ

完璧でなくても、荒削りでOK。26のキーワードを出し切る執念が大事です！

AtoZがよい制約となり、発想、創造性を刺激します

広く浅く網羅から深掘りまで可能（「入門」「いろは」から「図鑑」「大全」まで）

テーマの本質探究、核心に触れる部分までたどり着けます

キーワードをたくさん出しつつ、26個に引き算、絞り込みも可能。情報の整理ができます

わずか26ワードで、扱うテーマの概念の8～9割をカバー、表現可能です

多面的、多様な姿、立体感ある姿で、テーマを表現でき、解像度が上がります

素人でも、プロでも使える万能ツール！

# A to Z ノート

| atoz note [ ]atoz | date / / | name : |
|---|---|---|

| | |
|---|---|
| A | |
| B | |
| C | |
| D | |
| E | |
| F | |
| G | |
| H | |
| I | |
| J | |
| K | |
| L | |
| M | |
| N | |
| O | |
| P | |
| Q | |
| R | |
| S | |
| T | |
| U | |
| V | |
| W | |
| X | |
| Y | |
| Z | |

| point① | point② | point③ |
|---|---|---|
| | | |

| one action |
|---|
| |

AtoZを日常使いするためのノートを開発しました。たとえば「今後行きたい旅先AtoZ」「おすすめ本や絵本AtoZ」「今後の人生でやりたいことAtoZ」などから始めてみてください。どんなテーマでもAtoZでメモすると、記憶の定着にもなります。「point」欄はその中でも特に重要なキーワードを3つピックアップ。それを深掘りし、アイデアを生み出したり、次のアクションへとつなげていってください。

# A

## 間柄

【 Aida-Gara 】

分類

**ベース**

本書はAtoZの26のキーワードで、見えにくくなったこれからの生き方についての新しい思想を、新しい方向性を、新しい星座を描くものです。最新のものを使わなくても、これまで「あるもの」を使って、新しい思想や方向性はつくれる。そんな試みをこの本でできたらと思います。

めざすところは、みんなが「〃大地〃〃食農〃〃足元〃を大事にしながら幸せになるには」「みんながX（使命）を発揮する社会にするには」です。AtoZは荒削りでありながら、本質を外さず、核心部分をしっかり意識しつつ、余白も持ち、遊び心を注入できる表現手法です。AtoZで僕なりの豊かな思想を提案したいと思います。

こうして、本書を手に取ってくださっているあなたと〃出会う〃こともとっても不思議です。僕の場合だと、「半農半X」ということばを生み出していなければ、みなさんと出会うことはなかったのです。

大学で90分授業をする時、毎回、冒頭にこんなことを黒板に書いてきました。「これまでのあなたの人生×この90分授業＝！（新しい気づきを、ひらめきを）」。みなさんのこれまでの人生と本書が出会うことで、何かが生まれたらと思います。

これは僕の人生において、初のAtoZ本です。その記念すべき最初のキーワードは【A＝間柄】です。

もう20年ほど前のことです。日本の古いことばでいいことばはないかと古語辞典を

めくっていたら、「在《あ》り合《あ》ふ」ということばと出会いました。「在り」は存在を意味し、「合ふ」は出会いをあらわすことばです。道でばったり知人と出会ったり、道を横切る蝶々に出会ったり、立ち寄った道の駅で誰かが丹精をこめて育てた野菜を買ったり。それぞれ別々に生まれてきたものが、ある時、偶然か、因縁か、出会う不思議。人生がクロスする。「在り合ふ」って、とても美しいことばだと思います。

一番美しい漢字は「合」という字だと書いておられた方がいて、なるほどと思ったことがあります。漢字の「合」という字そのものは、あまり美しさは感じられないのですが、「助け合う」「意見を述べ合う」「交換し合う」の「合う」と考えれば、たしかにそうかもしれません。「合(あう)」が減りゆく時代に、取り戻すべきは「合う」なのだと思います。

でもいま、この人生がクロスする「縁(えん、ゆかり)」があやうい世になっているのです。いまという時代を生きる僕たちを何かにたとえるなら、海に漂う小舟と似ているように感じます。海は大荒れ、空には黒い雲が立ち込め、進むべき道を示す北極星も、灯台の灯りも見えません。本来、舟にあるはずの羅針盤が壊れていたり、海に落としてしまっていたり。そもそも羅針盤を備えていなかったりするのかもしれません。

日本も、世界も、そんな状態にいるように思えてなりません。そんな時代をどう生きたらいいのか。僕はロシアの文豪レフ・トルストイが遺した以下の物語が、方向性を示唆してくれるのではないかと思ってきました。

ある国の皇帝が3つの質問の答えを探していました。「いちばん大事な時間はいつか?」「この世でいちばん大事な人は誰か?」「いま何をなすべきか?」というものです。世界中の賢者に尋ねてもわからなかった皇帝はがっかりして散歩に出ました。その時、井戸の水を汲む少女に出会います。皇帝は3つの問いを質問してみました。娘はこう答えました。「いちばん大事な時間は、いまこの時。いちばん大事な人は、いま自分の横にいる人。いまなすべきことは、自分の横にいる人に善行をおこなうこと」と。皇帝は喜び、少女が持っていた重い井戸水を代わりに運びました。自分の横にいる娘に善いことをしたいと心から思ったために。

以前の僕なら、「この世で一番大事な人は?」と問われたら、「家族」と答えていたと思うのですが、この物語を知って以来、「目の前の人」と答えたいと思うようになりました。


講演をしたり、ワークショップをしたりする時は、当然その方々を。

本書で言えば、いま手に取ってくださっているあなたを。

新幹線に乗ったなら、隣の席の見ず知らずの方を。

農作業をしているとしたら、お隣の畑にいるおじいさんや、畑のミミズやカエルを。

目の前の人に、この対人観で接することができたらと思うのです。

この3つの質問への答えをみんなが見つけ、行動を重ねていったら、すてきな世界に変わっていきそうです。


AtoZを使ってアイデア出しをしたり、本を書いたりする時は、まず脳内検索、思いつく限りのキーワードを出していきます。今回の本を書く時、「間柄」「在り合ふ」のほかに、関連することばとして出てきたのが「関係性」ということばでした。

僕は「半農半Xという生き方【X=多様なX(使命多様性)】」をこの約30年、提唱してきましたが、半農半Xとは言ってみれば「関係性の回復」のことだと思っています。本書をお読みになる方は、自分のことが嫌いな方は少ないかもしれません。半農半Xとは「自分自身との関係性の回復」でもあります。でもいまはなかなかそれができなくなっているのかもしれません。

自分の次はもちろん「他者との関係性の回復」も重要です。そして「社会との関係性の回復」も。「自然との関係性の回復」も急務だし、「過去世代や将来世代との関係性の回復」も。だけどいまはすべてが分断される世になってしまっています。

僕は「関係性」ということばに関心を持つようになってから、いろいろ関係することばをメモするようになりました。たとえば「関係の断絶」「関係性の貧困」「関係性の固定化」「関係性の創造」などです。アートの世界だと、フランスのキュレーターのニコラ・ブリオーが1998年に刊行した著作**『関係性の美学（原題『L'esthétique relationnelle』、本邦未訳）』**[1]が有名です。

関係性がますます課題になる中、どうすればそれを変えていけるのか。僕は自分の役割に気づくこと。いまを生きていることの不思議さに気づくこと。そして他者のキーワードや他者のXに関心を持つことだと思ってきました。

詩人の吉野弘さんの作品に「生命《いのち》は」という名詩があります。詩は、こんなことばから始まります。「生命は／自分自身だけでは完結できないように／つくられているらしい」と。花、おしべ、めしべ、風、虫などの視点で関係性を書く吉野弘さんは、詩をこう締めくくっています。「私も　あるとき／誰かのための虻《あぶ》だったろう／あなたもあるとき／私のための風だったかもしれない」（**詩集『風が吹くと』サンリオ、1977**

[1] ブリオーのこの本は日本語訳がまだないので、関心のある方には、『現代アートとは何か』（小崎哲哉、河出書房新社、2018年）がおすすめ。（塩見）

**年／『吉野弘詩集』角川春樹事務所、2022年）。**

こんな視点で生きられたら、他者が違って見えてきますね。

徳川将軍家の剣術指南役だった柳生家家訓もすてきで、これからの方向性を教えてくれます。「小才は、縁に会って縁に気づかず。中才は、縁に気づいて縁を生かさず。大才は、袖振り合う縁をも生かす」。

縁（えん、ゆかり）について、僕らはすごくもったいないことをしているのかもしれません。思い切って手紙やメールを書いてみる、話しかける、会いに行ってみる。今後の人生には「橋を架けること（関係性の回復や創造）」が重要なのです。



# A

★あなたならキーワードAを何にする？（例：愛など）

★「関係性の回復・創造」であなたが試みてみたいことは？

● 人物
小崎哲哉
ニコラ・ブリオー
吉野弘
レフ・トルストイ

● 関連キーワード
【X＝多様なX（使命多様性）& X meets X】
p.170

# B

## 武器収集&ブリコラージュ

【 Buki-Syusyu & Bricolage 】

分類

**武器づくり**

もう10年くらい前のことになりますが、有名なＩＴ起業家が、「お金を出しても欲しいものは何ですか？」という問いに「新しい思想」と答え、驚いたことがあります。哲学、思想という「武器」を常に探しているということかもしれません。

新しい思想（武器）といっても、それは新しくなくてもいいのです。古いものに光を与えて、再発見することもあります。孔子は「礼」を再発見したといわれます。❶カール・マルクスの「コモン」も近年、再発見されました。

新しい思想は農の世界にもたくさん眠っていると思っています。たとえば、江戸時代の医師で思想家の安藤昌益❷の「直耕」などもその１つです。すでに世にある古今東西のすてきな思想を本書でも掘り出したい、世に再提示したいと思います。

僕は「武器収集＝新しい思想の探索、（再）発見」という視点を提唱したいと思います。人生１００年時代という長い人生を歩んでいく特に若いみなさんにとって、重要な視点だと思います。ただし本書では武器❸と表現しますが、「世界がよりよいものになるためのツール」と思ってお読みください。

以前、僕の故郷・綾部の農家民宿に１泊してのワークショップ「半農半Ｘデザインスクール（ＸＤＳ）」をおこなっていたことがあります（気の早い話ですが、本書を読まれた方といつかどこかで集い、新しい学び舎もできたらすてきですね。オンライン版もいいかもです）。

❶ 経済学者カール・マルクス（1818-1883年）が提唱したキーワードで、水や森のように「人々が生きていくのに必要な共有財産のこと」。最近では、哲学者の斎藤幸平さんが『人新世の「資本論」』（集英社新書、2020年）でエコロジストとしてのマルクスを再評価し、大きな話題となった。

❷ 男女の別なく平等に自ら耕しながら自然と共に生きるべき、という人間の平等思想を説いているとされ、「万人直耕」といわれることも。人間の腸を活性化することと土を活性化すること、つまり「土と腸の世界がつながりあっている」ことを意味するという、安藤昌益の見立てについては『縁食論』（藤原辰史、ミシマ社、2020年）に。

❸「武器」というと「戦い／闘い」を連想してしまうのでこのことばを使うべきか、迷いました。「道具／ツール」という表現のみでいいのでは、と（このあとで紹介する「7つ道具」が近いイメージです）。「武器」の文字がどうしても嫌な人は「舞輝《ぶき》＝舞い、輝けるもの」とお取りください。（塩見）

そのXDSでは、全国から集った参加者が初めて出会う最初の自己紹介タイムを大事にしてきました。そこでは「自分AtoZ（塩見直紀AtoZの例は13ページ参照）」は定番ワークです。「7つ道具」による自己紹介も好評なワークでした。各自、自己紹介グッズを持参し、大きなものであれば写真で見せ合います。林業が好きな人はノコギリやヘルメット、山登りが好きな人は登山靴や登山グッズ、コーヒー好きは手で挽くミル。料理好きな人なら包丁や土鍋、山椒の木でできたすりこぎ、こだわりの塩や麹菌。茶道を習っている人は茶筅《ちゃせん》や茶わん、絵を描く人なら色鉛筆などもありました。個性が出て、その人となりがわかり、いい時間となります。

　みなさんの「7つ道具」は何ですか？　僕の7つ道具は「紙、ペン、メモしてきたことばや視点、自家製コンセプト、これまでの人生で考えてきたこと、思考の整理法、AtoZ」って感じでしょうか。最後にあげた古典的な編集手法「AtoZ」も、道具（武器）の1つです。僕は最近、「Local AtoZ Maker」も名乗っています。AtoZの手法を地域（ローカル）の自己紹介ツールとして活用する「Local AtoZ」化することで、先人もやっていないことを生み出したいと思っています。

　「自分がつくってきたコンセプトを集めた新しい本をつくりたい」。その願いが叶い、おかげさまで2023年3月、**『塩見直紀の京都発コンセプト88――半農半Xから1人1研究所まで』（京都新聞出版センター）**という本を世に送り出すことができました。

この本を書くにあたり、これまでの人生を振り返ってみて見えてきたことがあります。それは、これまでの人生とは武器、道具、素材を集めてきた人生であり、集めてきたもので何か変革を試みてきた歴史だったのだということです。

**『世界のエリートはなぜ「美意識」を鍛えるのか？——経営における「アート」と「サイエンス」』（光文社新書、2017年）**という本で有名な山口周さんが書いた**『知的戦闘力を高める独学の技法』（ダイヤモンド社、2017年）**を読んでいたら、「武器を集めるつもりで学ぶべき」とありました。このことばはもっと早く知りたかったですし、みなさんにも伝えたいことばです。

❹明治大学教授の齋藤孝さんも、武器をいっぱい集めてきた人です。他者の本などからすばらしいキーワード＝名刀に出会うことがある。自分でそれをつくろうと思ってもずいぶん時間はかかるし、名刀はなかなかつくれるものではない。名刀と出会ったらいただくべき、我が刀として活用すべき、といったメッセージを自身の著作の中で書かれていて、読んだのは20年ほど前ですがなるほどと思ったものです。

世界で活躍する美術家の村上隆さんも「新しいものや新しい概念を作りだすには、お金と時間の元手がものすごくかかります」と**『芸術起業論』（幻冬舎、2006年、文庫化は2018年）**に書いています。武器をつくるのはなかなか大変なのですね。

フランスの文化人類学者クロード・レヴィ＝ストロースのことばに「ブリコラージュ

❹『声に出して読みたい日本語』（草思社、2001年）などの著作で知られる方ですが、僕のおすすめは『「型破り」の発想力——武蔵・芭蕉・利休・世阿弥・北斎に学ぶ』（祥伝社、2017年）。（塩見）

（Bricolage）」があります。ブリコラージュとは、周辺にある素材を自由な発想でレシピのないものを即興で器用につくってしまうことを言います。ジグソーパズルの例と対比してお話すると、ジグソーパズルは絵や写真という見本のゴールがすでにあって、それに向け、小さなピースをつなげてつくります。それに対してブリコラージュは、冷蔵庫にある素材や調味料で、レシピなしでおいしいものをつくっちゃう、って感じでしょうか。

綾部で子どもたちと一緒に、【J＝地元学のこころ】を学ぶ講座で村の野道を歩いていた時のお話です。僕は道を歩く際、「これ何か使えないかな」と思って歩くのですが、その時、見事な弓になりそうな木の枝がちょうど落ちていました。「これは何かになるぞ」と思い、また歩いていくと、今度はちょうど弓にいい感じの植物のツルを見つけました。また歩いていたら、こんどは矢にぴったりのまっすぐな枝と出会ったのです。これぞ出会いのブリコラージュ！

もっとみんなが「ブリコラージュ」ということばを、考え方を、普通に使うようにならないかな。そんなことを20年ほど願ってきました。「シェア」ということばのようにはなかなか広がりませんが、あきらめずに、広める努力をしたいと思います。本書をきっかけに日本でブリコラージュが流行っていけばうれしいです。

【B＝武器収集＆ブリコラージュ】で言いたいことは「世界や周囲を幸せにする武器

を集めているか?」という、あなたへの問いかけです。武器をいろいろ組み合わせて、ブリコラージュして、さらに自分しか持っていない独自の武器に育てていきましょう。

やりたいことを叶えていくためには、準備も必要です。僕が好きなことばにこんなことばがあります。「偶然は、準備の整った実験室を好む」(**『科学と創造——科学者はどう考えるか』、ホレス・ジャドソン、培風館、1983年**)。

# B

★あなたならキーワードBを何にする?
★あなたの「7つ道具」は?
★あなたの人生で必要な武器、道具とは?
★やりたいことを叶えるのに、いましている準備は?

● 人物
安藤昌益
カール・マルクス
クロード・レヴィ=ストロース
孔子
斎藤幸平
齋藤孝
藤原辰史
ホレス・ジャドソン
村上隆
山口周

● 関連キーワード
【J=地元学のこころ】p.79

# C

## カルチャー
（耕す、自己陶冶）
【 Culture, Self Cultivation 】

分類

**キー動詞**

僕がめざそうとしたカルチャー、文化創造をいくつか紹介したいと思います。

「半農半X【X＝多様なX（使命多様性）】」もその1つです。ライフスタイルに、持続可能な小さな農（自給用の野菜やお米をつくるなど）を取り入れ、自分のこころと大地を耕し、自然を師に感性を磨く。与えられた天与の才を世に活かし、社会にすてきな種を蒔くというライフスタイル、生き方です。

故郷の綾部ではお菓子やお酒がお土産でもいいけれど、「本がお土産のまち」というのも、めざしたカルチャーの1つです。そのカルチャーづくりの中で生まれた本が**『綾部発　半農半Xな人生の歩き方88――自分探しの時代を生きるためのメッセージ』（遊タイム出版、2007年）**でした。いま「あやべ特産館」には綾部出身や移住してきた著者による本がたくさん並んでいます。

カルチャー（耕す）で、僕が好きな事例をあげましょう。奈良時代の僧である普照《ふしょう》は沿道に実のなる植物を植えるように、時の天子（天皇）に奏上したそうです。おなかをすかせた旅人が食べられるように、と。すてきな「世耕し」ですね。

こうした文化は現代にも残っているようで、塀沿いの果物は道行く人も採っていいと考える地域もあると聞きます。また柿が生ってもすべてを採り尽くさず、3つは鳥たちのために残す「残し柿」の文化もあります。すてきですね。アイヌ民族は、野生のものは来年も生えてくるよう、根こそぎ採らず、ちゃんと根を残す文化をもってい

❶ へんぼり堂

❷ リベンデル

ます。でも僕らはいつからか、使い捨て、大事なものを根絶やしにする文化となってしまっているようです。カルチャーの貧困化時代ですね。

アメリカの先端思想都市として人気の高いオレゴン州ポートランドでは、起業する人を助ける文化があるといいます。すてきなカルチャーだとうらやましがっているだけでは何も始まらない！　いいと思ったカルチャーはどんどん真似をしていきましょう。そうすることから独自のカルチャーも生まれるきっかけになるし、今度は自分が真似されるようになっていくべきです。

東京都の唯一の村、檜原村に初めてできた古民家ゲストハウス「へんぼり堂❶（http://henborido.net）」が、ワークショップの機会をつくってくれたことがあります。ゲストハウスのオーナーが村を案内してくれた時、「この村の人は自営業が多い」と教えてくれました。都心などへ勤めに行くのが遠いので、そこでできる仕事を自分で創ることになったのが、地理的に自然の流れだったのかもしれません。それでも、これがその村のカルチャーってすてきです。

まちや村の姿を丁寧に見ていくと、そこにしかないカルチャーが見えてくるかもしれません。神奈川の茅ヶ崎市で半農半Xのワークショップをおこなった時のこと。参加者のみんなで海まで散歩しました。主催者で、貸スペースと市民農園を親子で運営しているリベンデル❷（https://rivendel.jp/index.html）の方いわく、「サーフィン文化があるこの地では、上半身裸で道を歩いてOKです」と教えてくれました。お父さんはカメラメーカーに勤めながら、朝夕、休日に田んぼや畑仕事をしていたといいます。茅ヶ崎にもそんな人、そんなカルチャーがあるのですね。

何もないまちより、独自のカルチャーがあるほうがかっこいい。カルチャーがないとかっこ悪い。意外とそんな時代がすぐそばまで来ているのかもしれません。

このあと紹介する【G＝ギフト】が、僕も求めているカルチャーのゴール像かもしれません。いまは圧倒的に「求める文化」「獲得する文化」だそうで、それを100とすると、「与える文化」はたったの1である、と書かれていた本を読んで、20代の時、ショックを受けました。「あれがほしい」という欲望の前に、与える（ギフトの）精神は風前の灯火になってしまっている時代だけれど、僕らの世代でそれを2にし、若いみなさんの代でなんとか3にしていただきたいです。

うれしい兆候もあります。「与える文化」の動きもゆっくりですが、芽が育っているのです。僕も大きな影響を受けた「ペイ・フォワード」は、そんな芽の1つです。おもしろいことにこの考え方に強く反応したのは、若い世代、若い起業家たちでした（詳しくは【G＝ギフト】で）。僕は起業家ではありませんが、それでも独占社会、分配しない社会に対し、ギフトをしていくカルチャーをつくろうよと思います。

本書ではずばり農的なことのみをさすばかりではなく、「こんなことが将来活かされた、まちや村になればいいな」という内容も考えてみたいと思います。

たとえば四国八十八か所巡りでは、お遍路さんが空海（弘法大師）と「同行《どうぎょう》二《に》人《にん》」のこころで88の寺をめぐります。お遍路の周辺地域には「お接待文化」があるといいます。88寺をめぐり終えた時、所持金が増えていたと書かれた本を読んで驚いたことがあります。美しい心がそういう奇跡をおこすのですね。

イタリア発の「スローフード」という考え方を日本にひろめたノンフィクション作家の島村菜津さんは、若い人がまちや村に住み続けるには、「文化の香りが要る」と教えてくれました。みなさんのまちや村には文化の香りがしますか？　僕は以前、三重県の伊勢や京都の嵐山に住んでいたことがあるのですが、そこには地域のはしばしに文化の香りを感じました。

本書の読者の中で、「（自分が住む）この地にはそんな文化がないなあ」と思う人もいるかと思います。重要なのは、「なければ、つくろう！」ということです。

ラテン系のことわざに「風が役に立たなければオールを使え」というのがあります。いい風が吹いていないことを嘆くのではなく、手元、足元にある材料をオールに変え、漕ぎ出す視点が大事だと思います。

カルチャーといえば、僕が生まれた村は菊づくりが盛んでした。短歌も盛んでした。そう考えると、いいカルチャーがあったのですね。昔と比べると、僕らは文化度が上がったのか、下がったのかわかりません。

みなさんの地域はどうですか？「みんな梅干を漬けている」とか、「〜している」といった文化、何かありますか？　いま、手に入るものの多くは、買ってくるのみになっていると思います。そんな中、子どもも魚を三枚におろせるとか、離島の文化など、すてきですね。夕方イカを釣って夕飯はいつもイカ刺しがあります、という文化もいいです。広い日本を探せば、もっとおもしろいカルチャーがある地域があるかもです。

そういえば、故郷の村には定年退職したら自治会に10万円程度の寄付や公民館用の冷蔵庫などのモノを寄贈するという文化があります。でもだんだん薄れつつあるのかもしれませんし、みんながそれをするのは難しい時代が来ているかもしれませんが、いいカルチャーの1つとして思い出しました。僕には定年はありませんが、いつか何か贈れたらと思っています。

いつの頃からか僕は「自己陶冶（自分の能力や考え方をより良いものにすること）」

ということばになぜかひかれてきました。その自己陶冶は、英語でセルフカルティベーション（Self Cultivation）というようです。自分を掘り下げ、耕していくことが、自分自身の文化をつくるということなんですね。

ほかにも、西郷隆盛のことばとされる「敬天愛人（天を敬い人を愛すること）」や、夏目漱石の思想的到達点といわれる「則天去私（天にのっとって私心を捨てること）」も、セルフカルティベーションの境地の1つとして、もっと再活用されてほしいことばです。



# C

★あなたならキーワードCを何にする？
★自分でつくっていきたいカルチャーは？
★あなたがいいなと思うカルチャーは？

◉ 人物
空海
西郷隆盛
島村菜津
夏目漱石
普照

◉ 関連キーワード
【G=ギフト】p.58
【X=多様なX（使命多様性）＆ X meets X】p.170

# D

## 大地性＆
## 方向性と深さ

【 Daichi-sei & Direction and Depth 】

…………… 分類 ……………

**ベース**

……………………………………

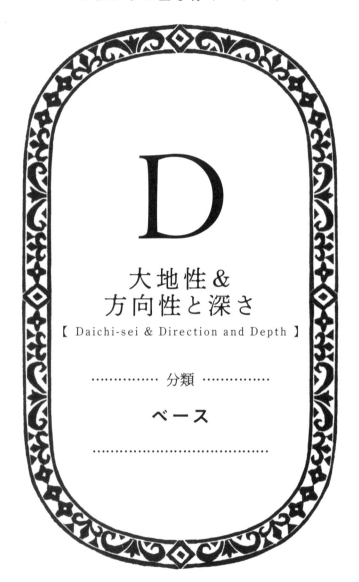

北米を飛行機で飛んだ時、赤茶けた大地を機内から見た時は驚きました。草も生えない地というのがほとんどない、恵まれた日本からは考えられないことです。そんな日本はいま、富山県や埼玉県の面積と同じくらいの土地が耕作放棄地となっているといわれています。

祖先が残してくれた田畑や山林で作業をしたり、過疎化した村の野道を歩いたりすると、必ずといっていいほど、脳裏を去来する先人のメッセージがあります。❶レフ・トルストイの寓話「**人にはどれだけの土地が必要か**」はそんな中の1つです。

ロシアの田舎に住む一人の百姓がいました。初めは貧しい小作人でしたが、ようやく貯めたお金で少しの土地を地主から買ってからは、暮らしも少し良くなり、毎日を楽しく過ごせるようになりました。しばらくすると、もっと広い自由な土地が欲しいと思うようになります。以前の何倍もの肥えた土地を見つけ、安く手に入れると、暮らしも前とは比較にならぬほど良くなりました。住み馴れてくると新しい広い土地も、まだ狭苦しく思えてきます。

ある日、夢のような村の存在を知り、村に向かいました。村長は「1000ルーブルの代金を払い、日の出とともに出発すること。そして歩いた土地に目印を付け、日没までに出発点に戻ってくれば、目印で囲った土地がすべて手に入ります。出発点に

❶あすなろ書房の『人にはたくさんの土地がいるか（トルストイの散歩道シリーズ）』（北御門二郎 訳、2006年）や、絵本『人にはどれだけの土地がいるか』（いのちのことば社・フォレストブックス、柳川茂・文、小林豊・画、2006年）などがおすすめです。またトルストイの寓話そのものもとてもいいのですが、それを解説した『愚者の知恵――トルストイ「イワンの馬鹿」という生き方』（町田宗鳳、講談社+α新書、2008年）という本も、とってもいいのです。（塩見）

戻れない場合は、土地もお金もすべて失います」と説明しました。

翌朝、日が昇ると、男は東に向かって歩きだしました。行く所、見るものすべてが欲しくなります。そして自分が余りにも遠くに来すぎたことに気づいた時は、日もかなり西に廻った頃でした。太陽は刻一刻と地平線に近づいていきます。半狂乱でひたすら走り続け、倒れ込みながらゴールの印を掴みました。村長が「あなたは望んだだけの土地をすべて手に入れました」と叫んだ時、男は口から血を出して息絶えてしまいました。それは太陽が地平線に沈むのと同時でした。彼の従者はシャベルをとって穴を掘り、男を土に埋めました。その穴の大きさだけの土地が、彼に必要な土地のすべてでした。

この寓話を手にしてまず思ったのは、「僕たちはこの男を笑えない」ということでした。なにしろこの男とは、僕たちのことにほかならないのですから。農村のみならず未来を考えるうえでも示唆的な話ですし（農地や敷地をむやみに拡げることがほんとうに必要なのか？　とか、むりを重ねた結果が荒れ地ではないか？　とか）、ウクライナ侵攻で揺れる世界を見るにつけ、いまなお重みが増すメッセージです。

先哲のことばに「場所が決まれば、修行が始まる」というものがあるそうです。僕は故郷の綾部に１９９９年にＵターン（帰郷）してから、ほんとうの修行が始まったことを実感しています。みなさんの修行の地はどこですか？

たとえば滋賀県でこの質問をすると、みんな滋賀が大好きだったり、修行の地もいま住むこの場所だ、という話に自然になったりします。でも東京でこの質問をすると「僕のほんとうの修行の地はここではないのはわかっているのだけど……」とか、「仕事で東京にはいるけど、修業の地はここではない」とか、「いま・ここ」にいる自分を認められず、とまどう声がよく聞かれて驚きました。

僕はこれを「場所問題」と名づけています。本書を読んでいるみなさんはどうでしょう？

「谷根千（谷中、根津、千駄木）が好き」「吉祥寺が好きで住んでいます」「荻窪、大好き！」との答えが戻ってきたらうれしいです。大好きな東京を自らの場所と定めて修業を重ね、さらにいいまちにしていってくださいね。

世界遺産の石見銀山遺跡のふもとにある島根県大田市大森町で40年、まちづくりをされてきた群言堂の松場登美さん[2]はこんなことを教えてくれました。「この町（大森町）には一生かかっても飽きない〝素材〟がある」と。そんなに素材があるなんてよほど大きなまちなのかと思われた方もいるかもしれませんが、そうではありません（銀山の最盛期には20万人を超える人々で賑わいをみせていましたが、2022年現在、住人が400人ほどになっているそうです）。それなのに一生かかっても飽きない素材があると思えるって、すてきですね。

僕も2度（家族と、一人旅で）、大森町を歩いたことがあります。群言堂とは松場さんの洋服や生活雑貨のブランド名。「みんなでわいわい言いながら何かをつくる」という中国のことばから来ています。僕は言葉ハンターなので、そんなところにもひかれます。松場さんがつくられた会社名は「石見銀山生活文化研究所」という名前です。こちらにもひかれてきました。名づけは魔法。いい名前は大事ですね。

群言堂のスタッフは田んぼもされていて、まさに半農半X。地方で創造的に生きる。この本に書いていることの多くは石見銀山の大森町にあるのかもしれません。

2003年に**『半農半Xという生き方』（ソニー・マガジンズ、のちに決定版としてちくま文庫、2014年）**を出して以来、たくさんの方が僕が住む綾部まで訪ねてく

[2] 松場さんを一度、僕が企画を担当していた「綾部里山交流大学」の講師として綾部にお招きしたことがあります。松場さんは会場だった僕の母校の旧職員室からの風景をよく言ってくださり、うれしくなりました。故郷を誉めてもらえるってうれしいことですね。（塩見）

れました。読者は20代、30代がメインです。ある時、若い方がこんな質問をくれたことがあります。「世界はこんなに広いのに、塩見さんはなぜ半農半Xと、可能性をあえて絞るのですか？」と。たしかにそうですね（笑）。

その時の僕の回答はこうでした。「世界は広く、魅力的で、なんでもありで、なんでもやりたくなります。でも、いろいろ手を出すと、浅いものになってしまいます。絞って、深めるほうがいいのかも」。若い時はいろいろチャレンジすべきでしょう。でも今後、重要になるのは「大地性」、そしてそれを基盤にした「方向性と深さ」のようです。

京都市在住の知人である円城新子さんは**『ハンケイ500m』**というすてきなフリーマガジンを隔月で発行しています。京都の土壌で生まれる「職人」というキーワードに着目し、あるバス停から半径500メートル圏内をくまなく歩き、おもしろい人物を見つけてはその人物の考えを聞き、その地にしかない魅力を発掘。次号はまた他のバス停エリアから新たな魅力を紹介していく人気雑誌です。

みなさんの住んでいる地で、「半径500メートル」圏内でおもしろい人、ものを見つけることはできますか？　この〝半径〟という考え方に僕が最初に出会ったのは、大阪でまちづくりをする知人が「半径3キロ」にこだわるまちづくりをしていると知ってからです。以来、とてもすてきな発想だなと思ってきました。

僕たちはとかく自分のまち（いま・ここ）より、他のまちのこと（ここではないどこか）が気になってしまう、悲しい生きものです。だから、いま住む場所に知っている人もいないし、ユニークなものはない、なんて思っているかもしれませんが、これからの時代の流れは足元のカルチャーを「耕すこと（【C＝カルチャー】）」です。もしほんとうに何もなく、土地の文化がやせているなら、豊かな土壌にかわっていくために何かを植えたり（【U＝生み育てる】）、何かを組み合わせたり（【K＝組み合わせ＆交換】）する工夫がいります。エリアを限定して、制約のある中でできることを考えるって、これからとても大事なことです。

# D

★あなたならキーワードDを何にする？

★あなたの住む地域の特徴を、3つのキーワードの掛け算で表現するなら？

（僕の故郷、綾部を例にすると…
綾部＝平和・里山×人生探求×ものづくり）

● 人物
円城新子
町田宗鳳
松場登美
レフ・トルストイ

● 関連キーワード
【C=カルチャー（耕す、自己陶冶）】p.31
【K=組み合わせ&交換】p.86
【U=生み育てる】p.152

# E

# 遠慮のこころ
# ＆将来世代

【 Enryo & Future Generations 】

……………… 分類 ………………

## 今後の方向性

僕が大学時代、何を学んでいたかというと、文学部の国史学科で専攻は日本古代史。奈良・平安時代（律令時代）の「官職（太政大臣とか少納言とか）」が専門でした。歴史として〝過去〟を学んでいた僕が大学卒業後、出会ったのが〝未来〟という大テーマです。以下にあげる３つのことばとの出会いがきっかけで、僕の中に未来への大事な種がまかれたのでした。

１つ目のことばは「我々は何をこの世に遺して逝こうか。金か、事業か、思想か」。これは明治20年代の、キリスト教思想家の内村鑑三33歳の時のことばです。余談ですが、内村の講演録**『後世への最大遺物・デンマルク国の話』（岩波文庫、改版は２０１１年）**を僕は28歳の時に読んで、内村が講演をした年齢と同じ33歳で人生を変える決心をし、当時勤めていた会社を卒業しました。

２つ目のことばは「どんなことも7世代先まで考えて決めねばならない」。アメリカの先住民イロコイ族のあらゆる意思決定の際、「7世代先」を念頭に入れる、配慮するという考え方です。

３つ目のことばは「将来世代（Future Generations）」。「環境と開発に関する世界委員会」の報告書「Our Common Future」（１９８７年）に登場し、１９９２年ブラジルのリオでおこなわれた地球サミット（ＵＮＣＥＤ）でより広く世に知られるようになったキーワード。いまを生きる私たちは現在世代で、まだ生まれていない将来世代を誰が配慮するのか、現在世代は自世代の利益ばかりを優先しているのではないか？　私たちはまだ生まれていない世代に大きなツケを回していないか？　という問いです。

僕はこの3つのことばに20代半ばを過ぎて立て続けに出会い、大きな影響を受け、以降〝未来〟問題に関心を持つようになりました。僕たちはいつしか視野もどんどん狭くなっている。今週の、いや今日の自分のことしか、関心をもたなくなってしまっているのではないか、というテーマです。

そんなことをよく考えるようになった時、京都在住の僧侶兼大学教員の方から、「遠慮」の意味を教わったのです。お皿に1つだけ残された食べ物を〝遠慮の塊〟ということがありますが、もともとの〝遠慮〟の意味は「遠い将来まで見通して、深く考えること」だと聞いた時は驚きました。いま資源の枯渇や絶滅危惧種への懸念が叫ばれていますが、「遠慮のこころ」すらも希少種レベル寸前といっていいのかもしれません。

みなさんはこんなセリフを聞いたことがないでしょうか。特に年配の方がいう「死んだあとのことは知らないよ」。僕は20代の時から、なんだかこのことばがすごく気になるようになりました。「本当に気をつけないと僕たち自身がそうなってしまう。こんなことを言わないようになりたい」とその時から思ってきたのです。

いまはもう形骸化して久しいのですが、僕の故郷の村には植林組合があって、350メートル弱の低い山の頂き付近に、❶祖父の世代が木を植えてくれました。植林のため

❶昔は柚子の木は植えた人が死ぬころ、実をつけていたそうです。いまは品種改良のせいか、早く生るものもありますが、木を植えることには後世への願いがありますね。（塩見）

の趣意書が残っていて、そこには「植林された木が雨雲を生み、雨をもたらすように」という願いが記されていました。植林は1代飛ばして、祖父から孫の世代に贈る仕事だといいます。自分の代ではお金になることはないけれど、次の世代、いやその先の世代への贈り物になる。そんな気持ち、木を植えることには後世への願いがありますね。

それでも、この遠慮のこころを取り戻そうという、社会の動きも出てきています。「計り売り」の店に初めて出会ったのは、徳島県上勝町でのことだったと思います。ゼロ・ウェイストタウンをめざす試みにしびれました。ヨーロッパをはじめ世界で増えているようです。

また都市の空き地を菜園に変えていく、食と農のつながりを取り戻す試み**「都市を耕す――エディブル・シティ（2014年製作の同名の映画もあり）」**などもすてきな動きです。

「遠慮」も「将来世代」も、イマジネーションのチカラがあって初めて成立するものといえるかもしれません。「遠慮＝遠い将来まで見通して、深く考えること」「まだ生まれていない将来世代」のことを考えるというと、ものすごくたいへんなように思えるかもしれません。でもそんなに難しいことではなく、視点を切り替え、違う立ち位置からイマジネーションを働かせることで「いま、現在」にいても「将来」を視野に

入れることはできると、僕は思っています。

すこし視点は異なりますが、今回、ぜひ伝えたいことばがあります。視点の切り替えについて室町時代の能楽師・世阿弥が遺したことば「離《り》見《けん》の見《けん》」です。これは舞台で舞う自分を客席から見る、自分を省みる視線を忘れないということです。講演や授業で話す時、僕はどんなふうに見えているのだろう、とこのことばを思い出すことがあります。

綾部の我が家の田んぼは、100メートルほど先の府道からちょうど見える位置にありました。車のドライバーや通学中の自転車に乗った中学生から田植えや手で草取りをしている僕はどのように見えるのか。それを意識するようにしていました。人だけでなく、空のヒバリからどんな人間に見えるのかと。❷常に人に見られているという視点よりは、そうした視点も忘れないようにしないと、おごってしまったりします。僕は特定の宗教にいままで入ったことはありませんが、神さまが見ているという視点はこれからも大事にしていきたいと思います。

この項の最後に、仏教詩人の**坂村真民さんの「あとから来る者のために」**を贈ります。

あとから来る者のために／田畑を耕し／種を用意しておくのだ／山を／川を／海を／きれいにしておくのだ／ああ／あとから来る者のために／苦労をし／我慢をし／み

❷
視点といえば、地球の美しさを伝えた写真集『地球／母なる星』（小学館、1988年）があります。宇宙に飛び立った宇宙飛行士が言ったことばも時々思い出したいことばなので書いておきます。

「最初の1日か2日は、みんなが自分の国を指さしていた。3日目、4日目は、それぞれ自分の大陸を指さした。5日目には私たちの念頭には、たった1つの地球しかなかった。（スルタン・ビン・サルマン、サウジアラビア）」

宇宙から自分を見るような視点を取り戻せるか、問われているのが、いまかもです。（塩見）

なそれぞれの力を傾けるのだ／あとからあとから続いてくる／あの可愛い者たちのために／みなそれぞれ自分にできる／何かをしてゆくのだ

# E

★あなたならキーワードEを何にする？
★後世を配慮できる世にするためには？

◉ 人物
イロコイ族
内村鑑三
坂村真民
スルタン・ビン・サルマン
世阿弥

# F

## FEC自給圏＋α

【Food, Energy, Care＋α】

分類

### 今後の方向性

僕が10歳のころ、NHKの夕方の番組で連続人形劇「新八犬伝」をやっていました。八犬士が、怨霊や妖怪相手に戦いを繰り広げる奇想天外な世界観の物語です。江戸時代の代表的な読み本作家、**曲亭馬琴の『南総里見八犬伝』**をもとに作られたものです。バラバラになった「仁・義・礼・智・忠・信・孝・悌」という8つの珠《たま》を持つ犬士が出会う旅です。おおげさですが、本書もバラバラになった26の珠を集める冒険譚といえるのかもしれません。これからの生き方を選ぶために、たくさんのノイズの中に埋もれてしまっている進むべき方向を、向かう先を示唆してくれる珠を集めてみるという試みです。

僕は大学の4年のころから、❶自分がインスパイアされることばを書き留めてきました。それは「自分にないもの」や「足りないもの」、自分を含む現在世代にとっての「無くしてはいけない珠」を探していたのかもしれませんね。

この【F】で紹介するのは、書き留め、忘却しないように大事にしてきたキーワードの1つ、「FEC自給圏」という考え方です。2021年に亡くなった経済評論家の**内橋克人さんが、『浪費なき成長——新しい経済の起点』(光文社、2000年)**のころより提言されており、綾部にUターンしてすぐに僕も知り、影響を受けてきました。

FECのFはFood（食料）、EはEnergy（再生可能エネルギー）、そしてCはCare（介護・医療、コミュニティの再生）を指します。それらを市町村といった

❶ いま僕が集めていることばのテーマをほんの一部公開します。僕は「コレクションが身を助く」と思って、これらがいつか僕に新たな発想を授け、助けてくれると思っています。これらは独占するものではなく、みんなにシェアをしていきたいものたちでもあります。(塩見)
①ことば(生き方からローカルビジネス、まちづくり、持続可能性まで。教育とは流水に文字を書くような果てしない業であるなど)
②コンセプト(ピンピンコロリ、直耕、帝国式生活様式、ブリコラージュ、居場所と出番など)
③世界観(豊かな世界観、ファンタジックな〜、ダークな〜など)
④スモール研究所(心の使い方研究所など)
⑤半がつくことば(逆風半帆、半経済、半泥子など)
⑥現代美術家のモチーフ(デジタルカウンター、赤い糸、魚のしょうゆさし、霧など)
⑦AとBの組み合わせ(菊と刀、鍬と聴診器、宇宙船とカヌーなど)
⑧視点(木火土金水、雪月花、ハレとケなど)です。

行政単位を越え、近隣や文化圏といった広域エリア（圏）で自給することをめざすものです。FとEとC、いままで縦割りでバラバラに扱われていたものを、内橋さんは〝1つ〟ととらえ、「『生きる』『働く』『暮らす』が統合された社会の実現こそ、人間社会のあるべき姿である」と提言します。

それらを統合して自給する圏をつくるのが世界の主流なのに、日本は食料自給率も低く、エネルギーシステムも大規模集中型で、真逆の方へ走る日本は大丈夫か？と、内橋さんは警鐘を鳴らしてきました。観光の世界ではやっと「広域観光圏」という考えがでてきていますが、なかなか肝心のFEC自給圏はままならない日本です。観光圏とは、自然・歴史・文化などにおいて密接な関係のある観光地を一体とした区域のこと。区域内の関係者が連携し、地域の幅広い観光資源を活用して、観光客が滞在・周遊できる魅力ある観光地域づくりを促進するものです。僕がとてもすてきだなと思ったのは、新潟県の魚沼地域（魚沼市、南魚沼市、湯沢町、十日町市、津南町）、群馬県（みなかみ町）、長野県（栄町）の県境を接する3県の計7市町村を圏域として、一体的な観光圏で新たな展開をおこなう「雪国観光圏」です。とてもすてきな名前ですね。観光の世界ではこうした動きも出ています。

僕は半農半Xを提唱してきたので、FECの中では、F（フード）にもっとも敏感でした。次いでE（エネルギー）です。化石燃料が日本に入ってこないことを当時から想定し、できるだけ使わない農をめざしました。小さいながら持ち山があったので、林業を暮らしに活かすというイメージをいだいてきたのです。

そんな僕にとってC（ケア）がいちばん遠かったように思います。いまでこそ、医療系の仲間が増えていますが、知ったころはまだそのようなレベルの感じでした。でもこの数年、後述する「社会的処方」というコンセプトも身近になってきました。持てる才をコミュニティに活かすという、半農半X的にも近い考え方です。ゆっくりですが、FEC自給圏も解像度が上がり、クリアになってきた気がします。

余談ですが、「〝パンとサーカス〟を観光客に与えるのが観光だ」ということばを聞き、驚いたことがあります。この「パンとサーカス」とは古代ローマの詩人ユウェナリスのことばです。市民にパン（食料）とサーカス（見世物）を与えると、市民は思考停止になり、為政者は簡単にコントロールできてしまう。でもそれに市民はなかなか気づかず、民が滅ぶころ、その愚かさがわかるというものです。早く気づけないのが世の流れ、歴史です。不思議ですね。なぜこうなってしまうのか。歴史になかなかなぜ学べない、それが人間なのかと。

そんな「パンとサーカス」のような世の中でも、FEC自給圏の思想を深化させている地域もあります。愛媛県西予市にある、株式会社地域法人無茶々園ではFEC自給圏に、さらにW（雇用、仕事）を加えたことば「FECW」[2]を考案し、実験されて

❷『大地と共に心を耕せ——地域協同組合無茶々園の挑戦』（愛媛大学社会共創学部研究チーム、農文協、2018年）に解説があります。

います。

本書では、「FEC自給圏＋α」として、さらなる進化が各地で起こる一助となればと思います。宮沢賢治さんなら、それに「アート（A）」を加えたでしょうし、劇作家の平田オリザさんなら「演劇（E）」を加えるかもです。イタリア発の「スローフード」、イギリス発の「社会的処方」などの哲学（詳しくは【L＝レイヤー（層）】で）、考え方などが出会い、加わることで、市民発・地域発のよい取り組みが生まれることを願っています。

自給といえば、10年ほど前、佐賀県唐津市に行った時の話です。地元のキーマンである専業農家の方が、「メディアの自給が大事なんだ」と言われて、びっくりしたことがあります。唐津にあったローカル紙、地域新聞がなくなることになって、出てきたことばでした。「メディアの自給」ということばは初めてだったのでなるほどと思ったのでした。全国紙なら、地方版に載る記事はわずかです。故郷の綾部には週3発行の有料紙「あやべ市民新聞」があり、僕も愛読。市民の多くも読んでいます。お隣の福知山市には「両丹日日新聞」があり、こちらは週6の発行で福知山市民が愛読しています。FECにメディアのMが加わるのもおもしろいですね。

自給圏をつくるには、地元素材の給食も大事です。愛媛県今治市の給食では、基本は今治産。だめなら、近隣市町産、そして、愛媛産。だめなら四国産。すてきなルールって、できるものですね。最近では、「地消地産」というようです。地域で消費されるものをしっかり把握し、戦略的に地域で産しようという考えです。

FEC自給圏的な考え方を深めていくために、イギリス発の「漏れバケツ理論」も参考になります。たくさんのお金が地域から外へ、外国へ、漏れている。それを意識する、そして地域内で循環するように改善していくこと。こうした問題に関心を持つ人には、**枝廣淳子さんの『地元経済を創りなおす――分析・診断・対策』（岩波新書、2018年）**などを読んでみることをおすすめします。

# F

★あなたならキーワードFを何にする？

★FECの観点からあなたの地域で見えてくるものは？

● 人物

内橋克人
枝廣淳子
曲亭馬琴
平田オリザ
宮沢賢治
ユウェナリス

● 関連キーワード

【L＝レイヤー（層）】p.93

# G

## ギフト

【 Gift 】

分類

**今後の方向性**

毎年8月6日、フェイスブックでかならず紹介している詩があります。原爆詩人といわれた**栗原貞子さんの「生ましめんかな――原子爆弾秘話」**という詩です。1945年8月6日の広島への原爆投下で多くの人が傷つき、横たわっていた、こわれたビルディングの地下室。たくさんのうめき声が聞こえる中、若い女性が産気づきます。みんな「どうしよう」と気遣います。それを聞いて「私がとりあげましょう」と言ったのは負傷し、さっきまでうめき声をあげていた産婆でした。明け方、赤ちゃんは無事生まれます。そして、産婆さんは血まみれで死んでいくのでした。「己の命を捨てて」赤ちゃんをとりあげたこの産婆さんに僕は【X＝多様なX（使命多様性）】を、ギフト【G】を感じます。

**『世界は贈与でできている――資本主義の「すきま」を埋める倫理学』（NewsPicksパブリッシング、2020年）**はおすすめ本です。著者の近内悠太さんは、山口周さんとの対談本**『思考のコンパス――ノーマルなき世界を生きるヒント』（PHPビジネス新書、2021年）**の中でこんなことを述べていました。「いま、売れている本（漫画）は〝贈与系〟のものが多い」と。

とても大事なメッセージだと思います。本書も基本、贈与系です（売れるかわかりませんが！）。僕が過去に書いた本も、これまでフェイスブックやブログで書いてきたことも基本、贈与系ですし、幸せになる秘訣は与えることだと思ってきました。これからもシェアの心を忘れず、できることをしていきます。

アメリカ先住民の何族だったか忘れましたが、「ギブアウェイ（Give It Away）」という風習があるそうです。「それ、いい服だね」と人から言われると手放す、タダであげちゃう文化です。すてきすぎます。**『これからの時代を生き抜くための文化人類学入門』（奥野克巳、辰巳出版、2022年）**にもギブする島、❶マレーシアのボルネオ島の狩猟採集民プナンの事例が紹介されています。なぜプナンの人々は独り占めを忌み嫌い、率先して隣人に分け与えようとするのか。それは、自然からの恵みを分け与えることで、狩猟民として生き残るチャンスを広げるためではないか、と奥野さんは書いています。でも子どもの時から利他的かというとそうではなく、育つ過程で「シェアリング」の理念が植えつけられ、育まれていくといいます。

**【C＝カルチャー】**でふれましたが、僕らの世代だけでなく、いまの若手世代の起業家にも影響を与えているのではと思うのが、キャサリン・ライアン・ハイド原作の映画**「ペイ・フォワード――可能の王国（原題Pay It Forward、2000年製作）」**です。先述の『世界は贈与でできている』にも登場しましたから、知っていた方もいるかもしれません。主人公の11歳の少年が「自分が受けた善意や思いやりを、他の3人に送ること（ペイ・フォワード）で善意の輪が無限に広がっていく」というアイデアを実践して、本人に見えないところで善意の輪が次々と広がっていくというあらすじです。

❶ プナンの人々は「ありがとう」のことばを持たず、その代わりにあるのは「よい心がけ」と訳されることばだそうです。とても考えさせられる本でした。（塩見）

農村に住んでいても、都会の起業家にも同じように響くのが、日本では「恩送り」ともいわれるこの精神でした。

僕自身は20代の時から、「ギブする（与える）こと」「ギフト（贈り物を）すること」に関心を持ってきました。きっかけは何か。「❷求める（獲得する）のが99%だとしたら、与えるは1%」。こんなことばに出会い、どきっとしたからです。「天に持っていけるものは人に与えたものだけ」「人に与えなかったものは無駄になったもの」などのことばにも、成人以降の僕の人生形成に大きな影響を受けています。「与えれば返ってくる」「放てば満てり」ともいいますね。返ってくることが目的ではないですが、大事なことです。最近、半農半Xとは「授かることと与えること」だと思いました。

いつのころか僕たちは「Give and Take」ということばを教わり、何かを与えたら何かをもらう、逆に何かをもらったら何かを与えることがあたりまえ、これが世界だと何度も聞かされてきました。ですが20代のある時出会ったのが「Give and Give」、さらには「Give and Forgot」ということばでした。すでに与えているのにさらに与える！　与えたことさえ忘れちゃう！　って、なんとも大物感があり、逆にすてきすぎて笑えてきます。

こうした考え方に20代の時に続けて出会ったせいでしょう、僕の中にギブ、ギフト、贈物、贈与ということばが住みつくようになりました。独占って美しくないなあ、世

❷「あれをしてほしい」「これがほしい」と、僕を含め世界の多くの人は、求めてしまいます。それに対し、与える精神を持つ人は1%くらいではないかというもので、30年ほど前に出会ったことばです。与える人は確実に増えている、そうした仲間に囲まれてきている気がします。選んでそうなっていますね。（塩見）

界はオープンソース、贈与だと思うようになったのです。

シェアという考え方も当たり前になってきたことを考えると、基本はみなギフト好きなのだと思います。ＳＤＧｓの原則として有名になった「誰一人取り残さない」という方向にもっともっとシフトできたらと思います。

心あるお寺の住職が、ある試みを始めました。お供えされたお菓子をひとり親の家庭に贈るネットワーク、ＮＰＯ法人「❸おてらおやつクラブ（https://otera-oyatsu.club）」です。

❸おてらおやつクラブ

「おてらおやつクラブ」は、お寺にお供えされるさまざまな「おそなえ」を、仏さまからの「おさがり」として頂戴し、子どもをサポートする支援団体の協力の下、さまざまな事情で困りごとを抱えるひとり親家庭へ「おすそわけ」する活動です。

活動趣旨に賛同する全国のお寺と、子どもやひとり親家庭などを支援する各地域の団体をつなげ、お菓子や果物、食品や日用品をお届けしています。（「代表メッセージ」より）

余っているものがいっぱいある日本。こうした動きがいろいろな分野で生まれるといいですね。

宮沢賢治の生涯にまつわるエピソードの中で、忘れられない話があります。娘が小学校6年生の時、朗読の宿題で国語の教科書にのっていた**「イーハトーヴの夢」（畑山博作）**を読んでいるのを、僕と妻は居間で聞いていました。賢治さんが37歳で亡くなる前日のことです。2年ほど病気とたたかい、だんだん体が弱り、寝込んでいた賢治さん。そんな時、見知らぬ人がそうとは知らずに「肥料のことで教えてもらいたいことがある」と夜、訪ねてきました。賢治さんはなんと起き上がって着替え、1時間以上もていねいに教えてあげた、というところまで娘が読んだ時、僕たちは「えっ」と声をあげて驚きました。「賢治さん、なぜ?」と。

東北は当時、津波や冷害が重なり、大変なことが多い時期でした。賢治さんはみんなが幸せになることを常に考えていたのだと思います。賢治さんはただ、自分がもっているものを分配したのでしょう。

この時、僕の中に「僕も賢治さんのようにしたい」という願いが芽生えてしまいました。たとえ僕が寝込んでいても、何かに困った人が訪ねてきたら、起きてでも話をしたいと。つれあいに「そんな日が来たら、そう対応するように」と言っておかないと！　お断りして返してしまうかもしれません（笑）。

でもかなしいことに人はなかなか分配ができない生き物。いまは超独占、寡占の時代です。それでも【G】のこころを大事にしていきたい。【G】の文化、【C＝カルチャー】をつくりたい。そう思っています。

与えるものがないという人もいるかもしれません。それはもの（物質）ではなく笑顔でもいいのです。聞き役とかでもいいのです。メモした誰かの言葉でも、聞いた話でもいいのです。僕の例だと、書き留めてきたことばの中から、直感でことばをギフトする。そんな小さなことでいいと思うのです。

最後に、イギリスの政治家ウィンストン・チャーチルのことばを紹介します。「人間は手に入れるものによって生計を立て、与えるものによって人生をつくる」。どうしても、手に入れるものに目が行きがち、心が動かされがちですが、大事なのはやはり、与えるものだと思います。誰かの得点をサポートするサッカーの「アシスト」のように、いいアシストを試みてみましょう。



# G

★あなたならキーワードGを何にする？
★あなたが持っているもので周囲にギフトできるものは？

● 人物
ウィンストン・チャーチル
奥野克巳
キャサリン・ライアン・ハイド
栗原貞子
近内悠太
畑山博
プナン
宮沢賢治
山口周

● 関連キーワード
【C=カルチャー（耕す、自己陶冶）】p.31
【X=多様なX（使命多様性）& X meets X】p.170

# H

## 1人1研究所

【 Hitori-Ichi Kenkyusyo 】

分類

**武器づくり**

２０１１年３月11日の東日本大震災と福島第一原発事故のあと、各所で聞かれたことばで僕が書き留めていたのは、方向性としての「分散、小ぶり、多様」というキーワードでした。これは今後、国においても、地域においても、とても大事なキーワードなのですが、人生においてはさらに「収斂《しゅうれん》」を加えることが大事だと思っています。「収斂」とは、何かにまとめていく、研ぎ澄ませていくということです。「収斂」の反対の言葉は何か。それは「散逸」ではないかなと思います。情報が多すぎる時代、気をつけないと、大事なものまで無くしてしまう。「玩物喪志《がんぶつそうし》（無用なものを過度に愛玩して、本来の志を見失ってしまうこと）」ですね。

僕が提案したいのは、自身のテーマを生涯追いかけ、なんらかの形で収斂する、まとめていくことです。収斂的生活と呼んでいます。その際、A to Zはとても使える手法になります。なにか１つのテーマについて、たくさんのキーワードの中から、26に絞り、その世界を深掘りしていくやりかたです。多様なキーワードから、その豊かな世界を、世界観をまとめあげていくのに、とても使いやすいのです。古典的な編集手法であるA to Zを研究するため、僕は市販のA to Z本を少しずつコレクションしてきました（10ページ参照）。いまは転居を機に、故郷の綾部市立図書館に寄贈）。

さて、僕が収斂的生活としてめざす世界、ビジョンをひとことで言えば、「１人１研究所社会」になります。老いも若きも、自分の大好きなテーマ、関心があるテーマを生涯探究する社会のことです。では「若き」とは、何歳からか……？　僕は幼稚園児から可能ではないかと思っています。

新しい1000年紀の始まりである2000年4月の誕生日、僕は「半農半X研究所」を設立しました。僕しかいない小さな研究所です。最初から法人として組織を立ち上げる必要も特別な事務所もいりません。自宅の一室でも、勉強机でも、リビングでもいいのです。1人でもいいし、夫婦でもOK。仲間を誘ってもいいのですが、まったくおなじことを考えている人って意外といないし、頼る心が生じたり、後日、分裂するのも悲しいので、1人でのスタートをすすめています。

1人1研究所のテーマを見つけるためのおすすめのワークを3つ紹介しましょう。どれかワークをやってみてこれだ！　というテーマが見つかればうれしいですし、全部やっていろんな方向からテーマを探ってみても面白いと思います。

まず1つ目は、本書12ページでもおこなっている「自分A to Z」によるキーワード出しです。50～100個、出してみてください。くだらないキーワードだと思っても、他者から見ればおもしろいものっていっぱいあります。数出しが大事です。

2つ目は「自分の型」について。大好きなこと、得意なこと、気になるテーマ、ライフワークなど、自分のキーワード3つを分子にあげ、分母には活動舞台、フィールドの地名をあげてみてください（172ページ参照）。

３つ目は「自分ならどんな研究所をつくる?」です。できれば10文字以内で表現してみてください。いろいろな場でこのワークショップをおこなってきましたが、みんなすてきな研究所名をあげることができます。あとはやるか、やらないか。続けられるか、本気かどうか、です。どんなテーマでもいいので、続ければ誰でも第一人者になっていくことができます。

研究所名に地名を入れると地域性が出て、ぐっと絞ったものになります。たとえば「しあわせ研究所」より、「江の島しあわせ研究所」のほうが、具体的にやるべきことが見えてきたりします。やりたいテーマが２つある場合は、「Ａ＆Ｂ研究所」や「ＡとＢの研究所」と表現しましょう。２つのテーマの化学反応でおもしろい発見やアウトプットが生まれるかもです。１人１研究所をつくるために「❶26の問いに答えてつくる１人１研究所ＮＯＴＥ」(https://atozconcept.net/hitori1kenkyusyo/ ２０２１年)というワークブックをＡtoＺ専用サイトで公開しているので、参考にしてみてください。

食べることが好きな方は、「発酵研究所」もすてきです。米粉パン、和紅茶もいいですね。個人的には夏を乗り切る「甘酒研究所」を誰かつくってほしいです。甘酒は本来、夏の季語。夏の暑さに甘酒は効くはず、そんなことを研究してもらいたいです。ほかにも「土の色の研究所」でもいいし、「段ボール堆肥研究所」でもいい。ＤＩＹでハウスの温度管理をするなどの機材を創ることを勧める「ＤＩＹスマート農業研究所」と

❶ 26の問いに答えてつくる1人1研究所NOTE

かもいいですね。山梨県の八代町（現笛吹市）には「田も作り　詩も作ろう」という標語が市町村合併前にあったそうです。立て看板も立っています。とてもすばらしいものなので、誰かその続きを考える人が生まれたらと個人的には思ったりします。

**『塩見直紀の京都発コンセプト88——半農半Xから1人1研究所まで』（京都新聞出版センター、2023年）**という本を編む中で、これまでの自分の歩みを振り返ることができました。88のコンセプトはなぜできたのか。ことばという武器をコレクションしていたから生まれたものもありました。思考を整理したから生まれたものもあります。派生してできたものもあります。他者から質問されてできたもの、苦肉の策でできたもの、追い詰められてできたもの、肩を押されてできたものもあります。

たとえば「半農半Xという生き方」を講演したある日、こんな質問を受けました。いま思えば、これが1人1研究所というアイデアが生まれた記念日です。その質問は「半農半Xの観点から、成長戦略をどう考えるか、どうするか」という問いでした。

僕の答えは「〝半農〟により、小さくとも持続可能な方向へ向かうことができます。〝X〟については、一人ひとりの潜在性の発揮はいいことで、各自のXの発展形として〝1人1研究所〟社会が究極の成長戦略ではないか」というものです。どんな国でもそうですが、人への投資、創造性開花への投資が大事です。特に日本はそれが急務です。

つれあいの故郷・山口県下関市を歩いていて、「腹話術研究所」という研究所に出会っ

てから、個人の小さな研究所に関心を持つようになりました。2005年に「研究所★研究所」と題したブログを始め、いろいろな研究所を紹介してきました。そして、みんなが自分の研究所をつくり、生涯探究し合う世の中を構想するようになったのです。人生100年時代といわれるようになりました。そこで何が大事なのかというと、「自分のテーマを自家醸造できること」だと思うのです。世はますます生きる意味が課題になっていきます。生きる意味を自分で創れることは、とても大事なことだと思います。

たくさんの研究所を研究していて辿り着いたことがあります。どんなテーマを選んでも、おそらく行き着くところはきっと、「人間とは何か」「宇宙とは何か」になるのではないか、ということです。みなさんの研究所とぼくの研究所でいつか、コラボ企画ができたらすてきですね。

# H

★あなたならキーワードHを何にする？
★あなたなら何をテーマとした研究所をつくりますか？
★追いかけたいテーマを3つあげ、研究所名を考えてみましょう。

# I

# アイデア＆意味のイノベーション

【 Idea & Imi-no Innovation 】

分類

**今後の方向性**
**武器づくり**

僕は自分のことをアイデア少年だとか、アイデアを出せる人と、いままで思ったことがありません。アイデアの大事さに気づくようになったのはずいぶん遅くて、社会人となった１９８９年、平成の始まりの年のことです。いま思えば、ずいぶんのんびり生きてきたものですね。

アイデアの大事さを教えてくれたのは、僕が大学を出て就職したフェリシモという会社でした。そして特に、そこで出会った芸大、美大出身の同期生たちからでした。彼女たちは「なぜこんなにアイデアが出せるのか？」と驚き、それからアイデアを出すことについて、独学するようになったのです。

そしてアイデアの生み方を探究する旅人が行き着くところは同じと言われます。それは**ジェームス・W・ヤングの『アイデアのつくり方』（CCCメディアハウス、１９８８年）**に書かれた、「アイデアとは既存の要素の新しい組み合わせ以外の何ものでもない」「既存の要素を新しい１つの組み合わせに導く才能は、事物の関連性をみつけ出す才能に依存する」という、シンプルなメッセージです。**『LIFE SHIFT（ライフ・シフト）――１００年時代の人生戦略』（リンダ・グラットン、アンドリュー・スコット、東洋経済新報社、２０１６年）**という著作で「人生１００年時代」というコンセプトを世に広めたリンダ・グラットンが、こんなことを書いています。「人生で大事にしてきたことは、オプション（選択肢）を用意することです」と。めざしたいのは選択肢が少しでも増えるアイデアの創出です。

山口周さんのベストセラー『**世界のエリートはなぜ「美意識」を鍛えるのか？——経営における「アート」と「サイエンス」**』（光文社新書、2017年）という本の中で多くの人がショックを受けたといわれるのが、「正解のコモディティ化」ということばでした。特にビジネスの世界で、正しく論理的・理性的に情報処理をするということが〝当たり前のもの（汎用化）〟になり、みな同じ正解を導き出すがために、差別化ができなくなっている、という指摘でした。ロジカルシンキング、分析思考でたどりつくところはみな同じになります。同じアイデアしかだせなくなっているのが現代のようなのです。たしかにいま、「やろうとしていること」はみんなそう変わらないように思えます。

アイデアを生み出すには、「制約」が必要だといいます。不思議ですね。アイデアは自由が大事だと思いがちですが、自由過ぎると、逆に困ってしまう。僕も最近、自分のことに気づきました。僕は「制約が好きだ」ということに。

半農半Xも制約ですし、1人1研究所という発想もそうですね。本書のAtoZも制約からアイデアを導き出す発想です。でもそれを逆手に取れば、地方という制約、離島という制約、ローカル線が廃止になりそうだという制約、若い世代が減っているという制約、お年寄りが多いという制約……制約があるからこそプラスに変える発想も生まれるのです。

「もし君と僕がりんごを交換したら、持っているりんごはやはり、1つずつだ。でも、もし君と僕がアイデアを交換したら、持っているアイデアは2つずつになる」。イギリスの劇作家ジョージ・バーナード・ショーのことばだそうです。本書でもいろいろなアイデアをできるだけちりばめてみたいと思います。❶それが種となり、みなさんの持っているものと結合し、何かが生まれたらすてきです。

最近、気になっているのが、詩人ロートレアモンの作品「マルドロールの歌」の中にある「手術台（解剖台）の上での、ミシンと洋傘との偶発的な出会い」ということばです。❷手術台の上にミシンと洋傘という組み合わせ！

ロートレアモンは無名のまま亡くなったのですが、後のシュールレアリスムの時代に彼の詩が〝再発見〟され、みんなが競ってこの新しい出会いをつくったといいます。ありきたりでなく、遠すぎず（実現可能）、くすっと笑えたり、馬鹿じゃないか！　と声にでるくらいの組み合わせが生み出せるかどうか。おそらくですが、AI（人工知能）時代は「既視感のないものを創発できるか」がテーマなのではないかと思います。

アイデアはこの先も、ずっと大事。だけど実は、世の中にはもうアイデアはいっぱいあって、「足りないのは意味」だってことを教えてくれる本と出会いました。イタリアのロベルト・ベルガンティが書いた**『突破するデザイン――あふれるビジョンから**

❶秋田県では100年以上前から種苗交換会がおこなわれてきました。種とともに、アイデアも交換する。そんな会があちこちでできたらいいですね。（塩見）

❷いま住んでいる山口県下関市の家のそばにミシン屋さんがあり、店先のショーウィンドウに古いミシンが4台くらい、いろいろな人形とともに飾ってあります。もしかして、これもロートレアモンの影響かなといつも思いながら通っています。（塩見）

**最高のヒットをつくる』（日経BP、2017年）**です。この本で書かれているのが「意味のイノベーション」についてで、著者があげるわかりやすい事例はローソクです。かつてローソクはただの灯りで、売り上げも下降気味の時代が長く続きましたが、「意味のイノベーション」により、「(ローソクを灯すことで) ゆっくりとした時間を楽しむ」という意味が加味されるようになり、一躍ヒット商品になった例をあげています。

「ブルシット・ジョブ」って、聞いたことがありますか? 文化人類学者のデヴィッド・グレーバーが**『ブルシット・ジョブ——クソどうでもいい仕事の理論』（岩波書店、2020年）**で書いて世界的に有名になったことばです。「意味のイノベーション」という視点から「ブルシット・ジョブ」を見つめてみると、日々の仕事にも「意味」や、「目的」の目的がさらに問われる時代になったということでしょうか。意味が不足していることは、こんなところにもあらわれていると感じています。

「意味をつくる仕事をすべきだ」。いま、僕はスマートフォンの待ち受け画面に、このことばを書いたカードの写真を載せています。忘れないようにするための大事なメモです。一番いいイノベーションは、何か。それは新しい考え方や世界観をつくることだといいます。アイデアだけでは足りなくて、そこに新たな意味を加えることで初めてイノベーションが生まれる。これも大事にしていることばです。

アイデアって、近いもの同士よりも遠いものを組み合わせたほうがいいといいます。

田×畑より、田×アート、畑×ITとかです。農福連携、農福医連携も始まっていますが、もっと意外な連携も発明されるといいですね。いままで味気のなかった米袋にマンガのキャラクターが使われるようになってからずいぶん経ちますが、実際、それができるまでにはいろいろな苦労があったでしょう。東北の田んぼアートも。

僕がいつかおこないたかったのは、田んぼの広い畦にソファーを置くことでした。本物を置くのでもいいのですが、泥団子のように、土で固めたソファーをつくってみたかったです。そこに親子連れがやってきて、憩う。そんな公園のような開かれた田んぼが理想です（ただし田の畦を踏んで壊さないように、ですが）。

最後に難問を書いておきましょう。「鳥獣との知恵くらべ」です。綾部で暮らし、田んぼや畑で感じてきたことは、鳥獣害に関して画期的なアイデアがないかということでした。田んぼや畑にやってくるイノシシや鹿、猿をどうするか。これはアイデア次第で解決できるのか、意味のイノベーションでいけるのか。あなたがこんな分野にも関心を持つ人で、ユニークな解を持ってくれていることを願います。

# I

★あなたならキーワードIを何にする？

★いまあたためているアイデアを3個、書いてみてください。

◉ 人物
アンドリュー・スコット
ジェームス・W・ヤング
ジョージ・バーナード・ショー
デヴィッド・グレーバー
山口周
リンダ・グラットン
ロートレアモン
ロベルト・ベルガンティ

# J

## 地元学のこころ

【 Jimotogaku 】

分類

**ベース**

歌にしろ、花にしろ、茶にしろ、「日本のもの」というのは、常に自然という「共通の分母」の上に、「私という点」を形にしてきました。これは、ヨーロッパの、人間という分母の上に個の在り方を示してきたこととは対照的です。



これは花人の川瀬敏郎さんのことばです。短いことばですが、大事なことをたくさん教えてくれます。特に「分母」という視点は、僕たちが忘れてきたこと、置き去りにしてきたり、目を背けてきたりしたことです。本書では【D＝大地性＆方向性と深さ】【J＝地元学のこころ】といったキーワードのほかに、【L＝レイヤー（層）】【R＝Respect＆Inspire】【T＝た・ね】でも「分母の大事さ」を伝えています。

1999年1月、僕は33歳を機に、故郷の京都府綾部市にUターン（帰郷）しました。33歳で人生を再出発しようと決めていたのです。当時、子どもは2歳でした。「まちづくりをしたい」という地元への想いがあったわけでなく、あくまでも自分ごと、持続可能なライフスタイルの模索と、自分自身の〝X〟を実践するためです。ですが思いがけないことに同年の3月、母校の小学校が閉校となりました。人生は不思議なもので、ねらって帰郷したわけではありませんが、「自分の探究だけでなく、まちづくりの方にも歩むように」と、神さまがそんな脚本を書いてくれていたかのように思います。

いまから20年前の2000年ころのことですが、里地ネットワーク事務局長の竹田純一さんの「地元学講座」を聴く機会があり、とても影響を受けました。その講座で特にインスパイアされたのが、「昭和1桁以前の人の話を、早く聞くべし」❶というメッセージでした。その世代はさらにその前の世代の知恵を継承しているから、と。昭和2桁世代になると第二次世界大戦も始まり、知恵を継承するには小さすぎる。戦後は経済成長オンリーとなり、古いものは捨てる風潮となってしまっているようでした。

我が父は昭和4年生まれで、伯母は昭和3年です。伯母夫妻はその当時、まだ70代でいろいろな話を聞くことができました。あれから20年経っているので、昭和1桁は90代となりました。悲しいことですが、だんだん先人が育んだ持続可能な暮らし方に関する知恵を有する人も減っているのではという印象です。自分も含め、次代に残せる知恵を持つ人がだんだん減っている。僕らは何を後世に遺せるか。そんな中で、地元学というまちづくりの手法は今後も重要なキーワードになる直感があります。

「ないものねだり」より、「あるもの」探し。これは地元学のキャッチフレーズです。本書でも半農半Xでも基本スタンスは同じです。地元学の提唱者の一人で、熊本県水俣市のまちづくりをされてきた吉本哲郎さんに故郷の綾部に来ていただき、まちや村の元気をつくる「地元学」について、お話をいただいたことがあります。たとえば、地元の人（土の人）と地域の外の人（風の人）とでおこなう地域の可能性を探る地域資源調査について、「水の経路図」「出会った人カード」「地域情報カード」や「絵地図」

❶竹田さんの講演を聞いたのは2000年ころです。そのころ昭和1桁の人の年齢は65歳以上で、明治生まれもだんだん少なくなり、大正生まれも減っているので、タイミングとしてラストチャンスというメッセージだったのですね。（塩見）

など、貴重な学びをさせていただきました。吉本哲郎さんはこう言います。
地元学では、けっして、こうするべきであるという「べき論」から出発してはいけま
せん。そうではなくて、足もとにあるものを探して確認し、意味を把握してから、昔
ながらの知恵と工夫も含めて新しく組み合わせていくことからすすめていくのです。
調べて、最低限言えることを把握してから、すすめていくことです。地域のもってい
る力、人のもっている力を引き出していくのです。そこから、自分たちのことは自分
たちでやる力を身につけて、自治する地元学が始まるのです。(『地元学をはじめよう』
吉本哲郎、岩波ジュニア新書、2008年)

「あるもの」とは何か。同書によると「あるもの」とは、プラスとマイナスの2つに
分類できるといいます。「プラスのあるもの」とは以下の2つに分類できます。
その地域に独自の資源である「よそにないあるもの」／川や山、田や畑など「どこに
でもあるもの」
それに対して「マイナスのあるもの」は、雪国の雪や強い風の通り道などの以下の
3つに分類できるといいます。
「困っているもの」／「余っているもの」／「捨てているもの」

このようにひとくちに「あるもの」といっても、その内容を丁寧に分類すると、見えてくるものがあります。分類、整理はやはり大事ですね。

地元学のもう一人の提唱者、民俗研究家の結城登美雄さんの文章の中で、1985年、岩手県山形村木藤古地区（現久慈市）に開村された「バッタリー村」の存在を知りました。豊かな自然以外になにもない、と考えられていたのを逆手にとり、山村のありのままの暮らしを体験できる交流拠点として、全国から人が集まる場所になりました。僕たちも夫婦でまだ訪ねたことがなかった東北を旅していた時、この村のことを急に思い出し、訪れたことがあります。以下のバッタリー村民憲章、すてきです。

❷与えられた自然立地を生かし／この地に住むことに誇りを持ち／一人一芸何かをつくり／都会の後を追い求めず／独自の生活文化を伝統の中から創造し／集落の共同と和の精神で／生活を高めようとする村である

❷訪問した時に撮影した憲章を記しました。現在の憲章は改定されているようです。（塩見）

さらに、同じく結城さんが考える「よい地域の条件」もすてきです。紹介しましょう。

海、山、川などの豊かな自然があること。いい習慣があること。いい仕事があること。少しのお金で笑って暮らせる生活技術を教えてくれる学びの場があること。住んでい

**て気持ちがいいこと。自分のことを思ってくれる友達が3人はいること。**



「人生100年時代」というコンセプトを世界に広めたリンダ・グラットンらによる**『LIFE SHIFT（ライフ・シフト）――100年時代の人生戦略』（リンダ・グラットン、アンドリュー・スコット、東洋経済新報社、2016年）**の中で、小見出しにあった「自分についての知識」ということばに出会い、驚きました。不思議なことばだと思いませんか？　意外と人は自分のことを知らないようです。英語では「セルフナレッジ」といい、これがある人のほうがパフォーマンスに優れるといいます。

これは「まち」にも応用できる考え方ではないかと思うようになった僕の中で生まれたことばが、「タウンナレッジ」でした。まちのことをよく知っているほうが、まちは輝く、輝かすことができるのではないかと。自分とまちのナレッジをともに深めようとする時代にきっとなっていきます。

本書の版元が発行する**月刊誌「現代農業」**（2022年が創刊100年）の編集長・石川啓道さんがインタビューでこんなことを答えていました。

「地域によって風土は違い、身近にいかせるものも違う。また、同じ地域でも畑一枚一枚、環境が違う。作物の育て方にしても漬物の作り方にしても、答えは一つではないのです。その土地、風土、農家それぞれにあったものがすべて答えになる。この多様さが、農村の豊かさでもあると思う」（朝日新聞2022年2月9日付記事より）と。

僕はいま、集落（自治会・町内会）単位の魅力をA to Z化するプロジェクトをおこなっています。そうする中で、集落一つひとつはこんなに多様で違うのか、と僕も感じるのです。みなさんもぜひ足元の差異を見つけ、大事にしていってくださいね。

先述のように、地元学では「ないものねだりではなく、あるものさがし」を大事にしますが、愛知に住む起業家の知人がこんなことばを教えてくれました。「ないものねだり」ではなく、「借りること」です。たとえば運動会の競技「借り物競争」は、借りるものを紙に指示され、それを応援席などを走り回って探し、見つかった人からゴールを目指すゲームです。「あるもの」に気づき、周辺に「ないもの」は世界から借りてくるという知恵！ 長い人生、困っている時は「助けて」と言うことも大事。いま僕たち日本はこのことを学んでいる最中ですが、これは起業家にも大事な資質のようです。

# J

★あなたならキーワードJを何にする？
★地元を知るためにできることは？

● 人物
アンドリュー・スコット
石川啓道
川瀬敏郎
竹田純一
結城登美雄
吉本哲郎
リンダ・グラットン

● 関連キーワード
【D=大地性&方向性と深さ】p.38
【L=レイヤー（層）】p.93
【R=Respect & Inspire（先人知へのリスペクト×若い感性）】p.133
【T=た・ね（翼と根っこ）】p.146

# K

## 組み合わせ&交換

【 Kumiawase & Kohkan 】

分類

**今後の方向性**

このAtoZ本では、26のキーワードを紹介していますが、この【K】は特に外せないキーワードです。もし「26では多いので、ベスト3を教えてください」と問われたら困ってしまいますが、この【K】は「ベスト3」に入れるべきもの、今後ますます重要になっていくでしょう。

1人の人生においても、地域としても重要なキーワード、それが「組み合わせ（新しい組み合わせの創造）」です。

ケニア出身の環境保護活動家、ワンガリ・マータイさんが世界語にしてくれた「もったいない（MOTTAINAI）」ですが、僕は「もったいない」には「あと3つある」と思ってきました。

①「地域資源の未活用」というもったいない
②「Xの未発揮」というもったいない
③「XとXの未コラボレーション」というもったいない

たとえば僕と読者であるあなたは、おそらくまだコラボレーションをしたことがないはずです。僕と本書を手に取ってくださっているあなたが本書を通して出会い、一緒に絵本を作るのでもいいし、あなたが料理やヨガが得意なら、僕のX発見やまちづくりのワークショップの2本立てのイベントを企画するのもいいですね！　なにか、「世界を変える小さな物語」が本書によって、始まっていくことを願っています。

「アイデアは交差点から生まれる」とは、フランス・ヨハンソンさんのことば（同名書籍**『アイデアは交差点から生まれる――イノベーションを量産する「メディチ・エフェクト」の起こし方』CCCメディアハウス、2014年）**ですが、本書がそのきっかけをつくり、またみなさんがそれぞれの地で交差点的な役割を果たしてくださるとうれしいです。

❶僕は「X meets X」と呼んでいます。めざすのはこれです。「Aさんがつくる野菜」と「Bさんという料理家」の出会いなど、どんな組み合わせでもいいのです。

「組み合わせ」について考える時、僕がいつもすごいなと思うのは、秋の恵みの代表である「栗ご飯（新米meets栗！）」です。もちろん、昆布と塩も重要な材料ですが、栗ご飯を考えた人はすごいと思うのです。

組み合わせといえば、こんなのはどうでしょう。ぜんざいを甘くするのに、何を使うか？ ふつうは「砂糖」と発想するでしょうが、答え

❶数年前、台湾に招ばれて訪問した際、おもしろい出来事がありました。ちょうど、ブータンから「GNH（国民総幸福量）」の伝道師が、そしてアメリカからCSA（Community Supported Agriculture）の代表が訪台していて、そこに僕が行くので、3名が1つの場でトークをする会を、市民の方が企画してくれたのです。まさに「X meets X」です。日本では「パーマカルチャー（PC）」と「トランジション・タウン」と「半農半X」が集う場を2015年、東京でおこなったことがあります。テーマは「新しい個としての生き方とコミュニティを単位とした社会作り」。そんなことを考えたPCセンタージャパン代表の設楽清和さん、すごいですね。（塩見）

は「塩」です。甘くするのに塩を使うという発想！
田村一二という福祉の世界の先人が書いた**『ぜんざいには塩がいる――障害児教育の原点』（柏樹社、1980年）**という本に僕は影響を受けました。塩ついでに言うと、スイカと塩もいいですね。

僕たちにはもっと「組み合わせること」「和えること」「混ざり合うこと」を考えたり、実験する必要がありそうです。いま、「ごちゃまぜ」❷が福祉やまちづくりの分野で重要なキーワードになっていますね。

京料理だと、高級な素材同士の組み合わせの料理というのがあるそうです。たとえば、鯛と湯葉です。庶民の素材同士の組み合わせもあります。

僕はあまり使う機会はありませんが、あこがれのことばとして「マリアージュ（結婚の意）」というのがあります。AとBのマリアージュ。料理とワインの、和洋の、海の幸と山の幸のマリアージュ。料理に限らず、多様で斬新な組み合わせを創造をしていけること、これが未来において重要なのでしょう。料理人というのはアーティストだな、とほんとうに思います。

脳科学者の茂木健一郎さんが5人のアーティストと対話した本**『芸術の神様が降りてくる瞬間』（光文社、2007年）**の中で「世界を変える魔法は『組み合わせ』の中にこそある」ということばと出会いました。

❷社会福祉法人佛子園の試みで知られる。高齢者も若者も子どもも障害のあるなしにかかわらず〝ごちゃ混ぜ〟で暮らせる街づくりをはじめている。

みなさんも感じておられると思いますが、いま世界はだんだんと選択肢が減っているようです。何の選択肢かというと、持続可能性だったり、平和だったり、生命の多様性の保全など、選択肢の減少。悲しいけれど、これが現状のようです。

「いま、何のためにあなたは生きているか」といわれたら、どう答えますか？　僕なら「希望を創るため」と答えるかもしれません。先の本で茂木さんが教えてくれたのが、「組み合わせの中に希望がある」という希望でした。このことは今後の人生を生きる上でどうか忘れないでいてください。

僕が提唱した「半農半X」ですが、最近は「農山漁村発イノベーション」といって、農と何かを組み合わせる、イノベーション（新結合）という観点から、また評価をいただいています。おもしろいのは、「半林半X（林業と何かのXの組み合わせ）」といった、農以外の多分野で応用されていることです。【X＝多様なX（使命多様性）】でも触れますが、半農半X、半○半X、半○半○などさらに生まれるとすてきですね。

そして【K】は「組み合わせ」だけでもいいのですが、ここにさらにもう1つ「交換」というキーワードを加えてみたいと思います。自分を鼓舞するために、僕はいろいろなことばをこれまで書き留めてきました。大学や高校の模擬授業などで紹介すると、若い世代の反応がいいことばがあります。それはカードゲーム世代だからでしょうか、〝カード系〟のことばです。以下、3つのことばを紹介しましょう。

人は誰でも、人生が自分に配ったカードを受け入れなくてはならない。しかし、いったんカードを手にしたら、どのようにそれを使ってゲームに勝つかは、各自がひとりで決めることだ。

フランスの思想家、ヴォルテールのことば

キラーカードは天から降ってはこない。真っ暗闇の中で5メートル先の針の穴に糸を何回も通した時に1枚のキラーカードは誕生する。それが10枚貯った時に、人はあなたに近づいてくる。

幻冬舎代表・見城徹さんの著書『たった一人の熱狂』（双葉社、2015年）より

たった1枚のカードではなく、複数のカードを用意して、変化に応じて最適なカードを切っていく。決断していく。

瀧本哲史さんの著書『武器としての決断思考』（星海社新書、2011年）より

こうしたことばを紹介すると、学生は感想として「持っているカードの交換の可能性」を書いてくれることがあります。ここでは学生の感性を信じて、「組み合わせ」の他に「交換」の可能性を加えてみたいと思います。❸交換を活発化させるという可能性。

❸
「note」というウェブメディアで1日2つ、「メモ写真（メモ資源）」と「セレンディピティのためのことば」を紹介、ミニ発信しています。
「みんなが持っているお宝メモを交換し、そこから生まれるさらなる豊饒の世界」をイメージしています。（塩見）
https://note.com/shiominaoki/

たしかに、僕たちはそのパワーを忘れていたり、未実践なのかもしれませんね。

# K

★あなたならキーワードKを何にする？
★自分ならこれを組み合わせると思うものは何？

● 人物
ヴォルテール
見城徹
設楽清和
瀧本哲史
田村一二
フランス・ヨハンソン
茂木健一郎
ワンガリ・マータイ

● 関連キーワード
【X＝多様なX（使命多様性）＆ X meets X】p.170

# L

## レイヤー（層）

【 Layer 】

分類

**ベース**

九州・大分の安心院町（現宇佐市）で農家民宿体験をした2000年ころ、「九州のムラ」というハイクオリティな雑誌と出会いました。九州の村をテーマに、こんな雑誌がつくれるのかと大変驚きました。雑誌を発行されてきた養父信夫さんは、「地域にはそれぞれ風土、風景、風習、風俗、風格、風味、風情という7つの『風』があると思う。どこもかしこも同じようにマチの風が吹いた。それに飽き飽きした人たちがいま、ムラに目を向けています。マチの人の驚きを注意深く見れば、ムラの価値がわかるでしょう」と言います。「風」ということばも7つ集めるとこんなふうに表情や深みを見せ、哲学となるのですね。まちでもむらでも、人でも、暮らしでもていねいに足元を見ていくことで気づけること、たくさんありそうです。

安心院町で2つの農家民宿に泊まった時、食文化史研究家の永山久夫さんのことばを思い出しました。「その土地でとれる、新鮮な季節のものを中心に、その土地に古くから伝わる料理法で食べる。これが、日本人の体質にもっともよく合い、食を通して感性を豊かにしてくれる、和食文化の土台なのです」。日本だけではありませんが、大事な土台が長い時間をかけて形成されてきたことをもっと思い出せたらと思います。

世界の現代アートに詳しい**小崎哲哉さんは『現代アートとは何か』（河出書房新社、2018年）**の中で、現代アートに大事な3大要素として「インパクト、コンセプト、レイヤー」の3つをあげています。これを見ると、僕たちはアーティストでなくても、

❶農家民宿（農村民泊）は、1996年に発足した「安心院町グリーンツーリズム研究会」が先駆け的存在。「一回泊まれば遠い親戚、十回泊まれば本当の親戚」が、同研究会のキャッチフレーズ。観光や見学ではなく、農業を体験するために宿泊する。

大事にしていくべきことはそんなに違わない時代が来ていると感じます。インパクトをつくることはなかなか難しいけれど、それでもたくさんのすてきなインパクトが日本各地に生まれています。

山形県鶴岡市の宿泊施設「ショウナイホテル　スイデンテラス」はそんな1つです。水田の上に木造建築が浮かんで見えるように設計されている姿を見ると、インパクトは新しいものだけではないと感じます。風景や文化そのものがインパクトになると言い換えてもよいでしょう。

僕らにとって「普通」と思っていたものが、意外とインパクトを持つかもしれません。本書で言うと、インパクトは【R＝Respect＆Inspire】にあたります。（小崎さんが言う）コンセプトは【W＝ことば貯金】とつながっています。インパクトもコンセプトも、この先の人生、どこに暮らしても忘れず、胸のポケットに入れておくべきことばだと思います。

さて本題【L】のキーワード「レイヤー」ですが、美術家の**村上隆さんの『芸術起業論』（幻冬舎、2006年、文庫化は2018年）**❷を読んで僕はこのことばを意識するようになりました。人にも、地域にも、積み上げてきたレイヤーがあります。レイヤーという視点を持ち、それをもっと活かす視点を持って生きてみるという提案を、したいと思います。

❷ 未読の方はぜひ読んでみてください。僕も今後の人生で何度か再読すると思っています。（塩見）

レイヤー（Layer）って、地学でいうと「地層」って感じでしょうか。農業の世界でいえば、土の表面の落ち葉や虫の死骸、風が届けてくれた遠くの木々の小枝、鳥の糞などが重なってできた層（腐葉土）のこと。ずいぶん時間を経てできた層です。「手入れ」により、人もこの層づくりに加わってきました。

本書でいえば、A to Zという手法で使われる「アルファベット」は人類最高の発明の1つといわれます。この「アルファベットの歴史」「文字の歴史」というすごい地層があります。そして小さいながら「僕」という人生の地層を積み重ねてきた中から、26のことばをセレクトしてお伝えしているのが、本書です。

でもこの国でレイヤーが意識されない理由は何か。僕たちはあまりにも「この国は資源のない国」だと教わりすぎたのかもしれません。実はすごくいっぱいいいものを持っている「もったいない国」「もったいないまち」なのに、です。だからこれからは「自分という層」だけでなく、周囲にいる「他者の層」、そして「地域文化の層」「日本の層」など、さまざまな「積み重ね」をもっと活かし、【K＝組み合わせ】ようという提案をしたいのです。

「自分という層」を可視化するおすすめワークが2つあります。1つは「人生年表」で、西暦・和暦、自分の年齢、おこなった仕事やイベント、旅先、出会った本など、いいことも悪いこともメモしていくこと。これまでの人生を振り返って、自分にはどんな層があるのか、人生の記録（可視化）が大事だと思います。僕自身も人生年表メモを継続中です。

もう1つ、違う切り口のワークとして、10代、20代、30代、40代……「年代別の層」を確認することです。

僕の事例になりますが、20〜30代は「半農半X」という生き方、暮らし方の可能性について特に探究した時期です。それはいまも続いていて、生涯にわたって継続していくテーマです。提唱者としての責任もあります。

30〜40代は特に「まちづくり」の層を形成した時期といえます。33歳でUターンしたことからそれは始まりました。まちや村に住む人にもいろんな地層があります。それを活かす視点を持つことの大事さを教わりました。「みんなの〝X〟を活かすまちづくり」がいいなと思っています。

イギリス発のコンセプトに「社会的処方」❸という考え方があります。薬の処方などの医療的な処置だけでなく、住民の好きなこと（たとえば歌声喫茶やガーデニング、まちの歴史探検、スポーツなど）で、住民の生きる意味を取り戻し、心の病からの恢復、QOL（Quality of Life）に活かされることが、社会の処方箋になるという考え方です。「半農半X」というコンセプトともリンクするところが多いと思っています。

50代からは「アート視点」という層を僕は現在構築中です。答えのない時代にはアー

❸かかりつけ医（General Practitioner：GP）が、医学的処方に加えて、患者を地域の活動やサービスなどにつなげる取り組み。1984年に設立されたブロムリー・バイ・ボウ・センターが発祥の1つとされる。医学的な治療だけでなく、患者が抱える社会的課題への対応が問題解決には必要と考えられるようになった背景がある。

ト視点、「問いをつくる」という視点がとても大事になってくるのではないかと思うのです。以上が簡単ですが「僕の層」の紹介です。

みなさん自身の層は何がキーワードになるでしょうか？　ぜひ点検してみてください。それは受験勉強、ゲーム、YouTubeなどの動画鑑賞、エンジニアリングや営業といった仕事、英語を学ぶこと、何でもかまいません。レイヤーは過去の蓄積ですが、大事なのは、今日からつくり始めること、ゆっくり積んでいくことです。残念ながら大学時代までの僕には蓄積が少なかった気がします。でも大丈夫。いつでも、何歳からでも、レイヤーはつくっていけます。手遅れはありません。農業の世界でいう「土づくり」、ゆっくりしていきましょう。



# L

★あなたならキーワードLを何にする？
★あなたはこれからどんなレイヤーをつくる？

● 人物
小崎哲哉
永山久夫
村上隆
養父信夫

● 関連キーワード
【K=組み合わせ&交換】p.86
【R=Respect & Inspire（先人知へのリスペクト×若い感性）】p.133
【W=ことば貯金&コンセプトの創造】p.164

# M

## ○○メーカー&モチベーション

【 Maker & Motivation 】

分類

**武器づくり**

レイモンド・マンゴーの**『就職しないで生きるには』(晶文社、1998年)**に影響を受けている人は多くいるようです。この本をだした出版社では「就職しないで生きるには21」という新シリーズができ、そのシリーズ中の1冊**『あしたから出版社』(島田潤一郎、晶文社、2014年、2022年にはちくま文庫化)**など、僕も読んできました。

他の出版社で同じようなシリーズも生まれました。写真家の**蜷川実花さんの『ラッキースターの探し方』(DAI-X出版、2006年)**もそんな中の1つです。ずいぶん前、蜷川さんの本を読み、いつかこんな本を書いてみたいなと思ったことがあります。もしかしたら、本書もマンゴー本からの影響がないとはいえません。

本書は「就職しないで生きること」をすすめるものではありませんが、「自分の仕事を自分で創る」という発想は終生、忘れないでいてほしいと願います。人生100年時代はとても長く、特にこのマインドは必要だと思うのです。

先述の『就職しないで生きるには』には、こんなことばがあります。

嘘にまみれて生きるのはイヤだ。だが生きていくためにはお金がいる。で、自分の生きるリズムにあわせて労働し、人びとが本当に必要とするものを売って暮らすことにした。天然石鹸をつくる。小さな本屋をひらく。その気になればシャケ缶だってつ

**くれるのだ。頭とからだは自力で生きぬくために使え。失敗してもへこたれるな。**

著者のマンゴーはアメリカで仲間と書店をつくり、その後、出会った自費出版の本を出版し、出版社になっていきます。本書の読者の中にも「書店をやりたい」「古書店を開きたい」「私設図書館をつくりたい」「一人出版社にあこがれる」という人もいるでしょう。

実は僕も半農半Xのコンセプトに特化した一人出版社「半農半Xパブリッシング」から、**ワークブック「半農半Xデザインブック」**や**『半農半Xという生き方　実践編』の新装本（2012年）**を出しています。

田舎は倉庫にできるスペースも広くとれるので、出版社はいいかもしれません。取次（書店に本を卸す問屋）にはなかなか本を回せなくても、自分で手売りできれば、そして売りたい本・つくりたい本があるのなら、❶出版社をつくること自体は許認可制ではないので、誰でも始めることができます。

さてキーワード【M】は、「〇〇メーカーになる」です。みなさんは「何メーカー」でしょうか？

めざすところは、他者の作品、地域の作品（食べものでも、歌でもアートでも）も支えつつ、自分も何かをつくっていくこと。何かをつくることから離れてはいけませ

❶「日本仕事百貨」代表のナカムラケンタさんと「つむぎや」代表でリソース・コーディネーターの友廣裕一さんの本『シゴトとヒトの間を考える』（シゴトヒト文庫、2016年）は、自分の手で本をつくり、自分で売ることのヒントを書いてくれています。（塩見）

ん。味噌や梅干しでもいいし、パンでもいい。何かのメーカーであってほしいと思います。

食べ物でなくても構いません。自家菜園でも小屋づくりでもいい。非電化工房代表で、**『月3万円ビジネス――非電化・ローカル化・分かち合いで愉しく稼ぐ方法』（晶文社、2011年、新装版は2020年）**で有名な、藤村靖之さんが提唱する「ソーラーフードドライヤー（野菜乾燥機）」もいいですね。つくるのではないけれど、釣りや山野草摘み、キノコ採りなど、狩猟採集感覚のセンスも大事です。

イケダハヤトさんが「就職しないで生きるには21」シリーズに書いた**『旗を立てて生きる――「ハチロク世代」の働き方マニュフェスト』（晶文社、2013年）**の中に、仕事の選び方について、すてきな視点が書かれていました。それは「年を取れば取るほど有利になるもの」。人生100年時代に示唆を与える視点です。

自分も○○メーカーだと意識すること。「手仕事」も試みること。「手塩にかける」は今後も大事なことばです。

メーカーを別のことばで表現すると、「マニア」や「ハンター」も関連する重要なことばといえます。僕は「小道マニア」「小枝マニア」「Xマニア」といった非食べ物系ですが、みなさんは何のマニアですか？　何ハンターですか？　世には「カカオハンター」など、食べ物系のハンターもたくさんいますね。マニア大国。みんな何かを愛

# 出版案内

## 2023.6

## 使い切れない農地 活用読本

荒らさない、手間をかけない、みんなで耕す

農文協 編●1980 円（税込）978-4-540-22203-0

実家や地域の「使い切れない農地」は、新規就農者や農的な暮らしを求める人に託すという手もある。手間のかからない品目で遊休農地をフル活用。「25 のおすすめ品目」や「64 の用語集」「農地制度のＱ＆Ａ解説」付き。

「半農半X的 これからの生き方キーワード　ＡｔｏＺ」 978-4-540-23121-6

農文協
(一社)農山漁村文化協会
〒335-0022 埼玉県戸田市上戸田2-2
https://shop.ruralnet.or.jp/
読書係直通
TEL 048-233-9351 FAX 048-299-28

## 農的暮らしをはじめる本
### 都市住民のJA活用術

榊田みどり著

978-4-540-21235-2

●1650円

ほどよく都会、ほどよく田舎。ここ神奈川県秦野市では、趣味の週末菜園から本格就農まで、ニュータイプの「農家」が続々生まれている。その素顔はいかに？また、彼ら「耕す市民」たちを支えるJAなどの仕組みとは？

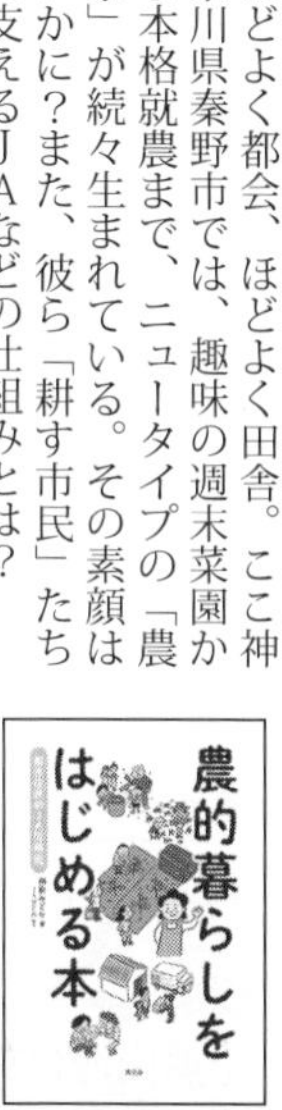


## 森永卓郎の「マイクロ農業」のすすめ
### 都会を飛びだし、「自産自消」で豊かに暮らす

森永卓郎著

978-4-540-21106-5

●1540円

埼玉県所沢市で小さな畑を借りて農業を始めた著者。コロナと共に生きる時代、安全で楽しく豊かに暮らすには"トカイナカ"（都会と田舎の中間）で小さな農業をするのが最高。自らの実践を元に提言する。

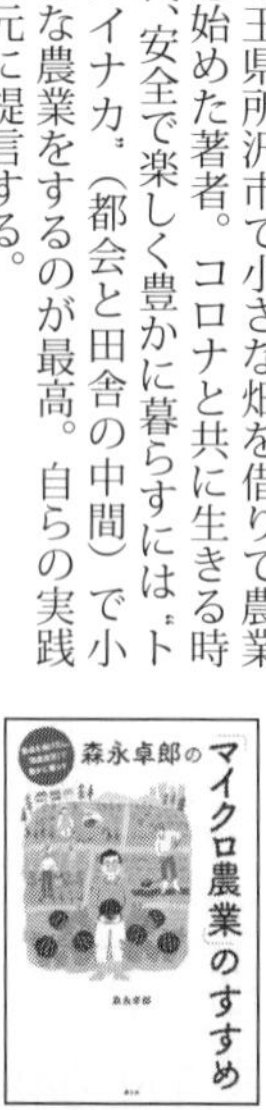


## 小さい農業で暮らすコツ
### 養鶏・田畑・エネルギー自給

新藤洋一著

978-4-540-20151-6

●2200円

できることからムリせずに実践する自給生活の知恵と技。養鶏、米・麦・野菜の栽培でおいしい食生活、薪ストーブ、ソーラーパネル、太陽熱温水器で排出物の出ない生活を実現。小さなお金で豊かに暮らす方法を図解。

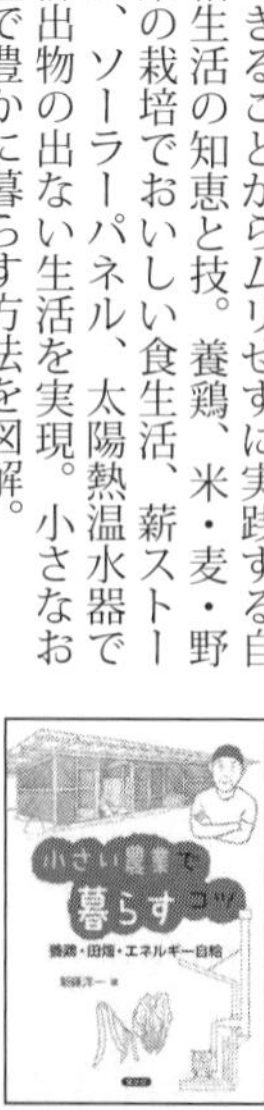


## 小さい農業で稼ぐコツ
### 加工・直売・幸せ家族農業で30a1200万円

西田栄喜著

バーテンダー、ホテルマンを経て「日本一小さい専業農家」（耕地面積30アール）に。1年を通じて野菜を野菜セットと漬物にしてネットを中心に販売。その野菜つくり・加工の技と売り方の

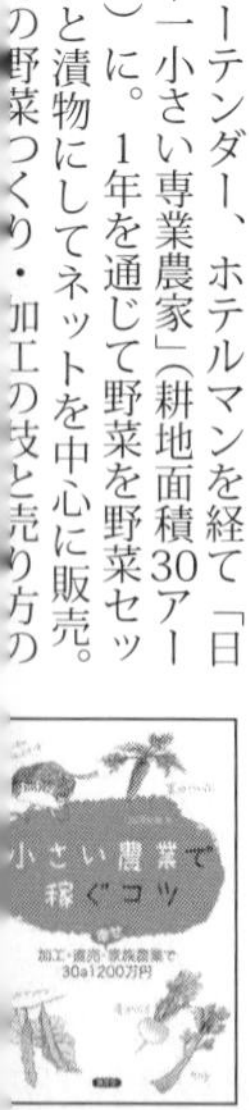

軽トラとチェンソーがあればできる

農文協編

978-4-540-17158-1

●2200円

で切れば意外とお金になる。そのためのチェンソーの選び方から、安全な伐倒法、間伐の基本、造材・搬出の技、山の境界を探すコツ、補助金の使い方まで楽しく解説。

## 小さい林業で稼ぐコツ2

裏山は宝の山、広葉樹の価値発見

農文協編

978-4-540-21218-5

●2200円

裏山の「雑木」には知られざる値打ちがある。お宝広葉樹の探し方から、樹種ごとの売り方・活かし方、針葉樹の伐倒・搬出の工夫まで。『季刊地域』『現代農業』で好評の記事を収めた「小さい林業で稼ぐコツ」第2弾。

今さら聞けない

## 農業・農村用語事典

農文協編

978-4-540-21142-3

●1760円

ボカシ肥って何？　出穂って、どう読むの？集落営農って何だ？等、今さら聞けない技術や地域・営農にかかわる農業農村用語を384語収録。写真イラスト付きでよくわかる。便利な絵目次、さくいん付き。

## 「集落の教科書」のつくり方

移住者を助けるガイドブック

田畑昇悟著

978-4-540-20140-0

●1540円

良いことも、そうでないことも、ちゃんと伝えたい！『集落の教科書』は地域と移住者のミスマッチを防ぎ、「移住するまで知らなかった」を「移住前から知っていた」に変えるガイドブック。そのつくり方を徹底解説。

## 雑誌

全国各地のむら・まち情報が満載！

**定期購読**をおすすめします！

# 季刊地域

年4冊発行
1・4・7・10月
B5判・150頁

全国の事例から地域づくりのための知恵を年4回お届けします。担い手対策、耕作放棄地問題、空き家対策、脱炭素化、地域資源活用、田園回帰の動き、循環型経済の動き、地域おこし協力隊、多面的機能支払交付金活用法など、タイムリーなテーマを毎回特集します。

**49号●どうする？使い切れない農地 Part2**
●943円（税込）

**50号●みどり戦略に提案 生きものと一緒に農業**
●943円（税込）

**51号●小さく始める食料安保 ザ・穀物流通読本**
●943円（税込）

**52号●山活！稼ぐ楽しむ人を巻き込む／食料・農業・農村基本法改正に提案**
●943円（税込）

**53号●小さい農業の増やし方 もう放っておけない！放置竹**
●943円（税込）

◎当会出版物はお近くの書店でお求めになれます。

**直営書店「農文協・農業書センター」**もご利用下さい。

東京都千代田区神田神保町 3-1-6 日建ビル2階
TEL 03-6261-4760　FAX 03-6261-4761
地下鉄・神保町駅 A1 出口から徒歩3分、九段下駅6番出口から徒歩4分
（城南信用金庫右隣、「珈琲館」の上です）
平日 10:00 ～ 19:00　土曜 11:00 ～ 17:00　日祝日休業

するマニア、ハンター、メーカーである。そんな時代がもしかしたらこれからの理想の世界かもしれません。

もう1つの【M】のキーワードは「モチベーション」です。メーカーということばと【K＝組み合わせ】て造語すれば、「モチベーションメーカー」ともいえるかもしれません。

僕が大学を卒業したのは平成元年、1989年のことです。就職したフェリシモという会社が当時から重視していたのが、いわゆる地球環境問題です。僕も影響を受け「持続可能な暮らしでありつつ、どう納得いく人生を生きるか」が20代からの大きなテーマとなりました。

「半農半X」ということばが誕生して、もうすぐ30年となります。30年ってなかなか長いのですが、「モチベーションを保てたことがすべて」と言っていいくらい、とても大きなことでした。僕は「セルフインスパイア」と呼んでいるのですが、自分を鼓舞し続けることはとても重要なのです。人はそんなに能力に差はないといわれます。「自分の人生の意味」を自分で創造し続けることができること、それをうながすモチベーションにより、差が生じるのではないかと思うのです。

僕がいま住んでいる山口県には、新山口〜津和野間を走る「SLやまぐち号」という観光のための蒸気機関車が1979年から走っています。この蒸気機関車にたとえればモチベーションとは、「燃料である石炭を、誰が、くべるか」ということです。人は、運転をする操縦士でもありながら、石炭を注入する機関士でもあり続けないといけません。

僕の場合は、【W＝ことば貯金】を燃料とし、エネルギーにしてきました。インスパイアしてくれる本の存在も重要。同志、仲間も必要でしょう。でも、ふつう自分専属の「石炭をくべる（鼓舞する）係の人」はいないし、自動化もできないのです。

だからこそ大事なのは、「自分は何にときめけるか」を知っていることです。フードロス問題でも、お年寄りの知恵を聞くことでも、美術家の横尾忠則さんの作品のように「Y字路」❷でも、どんなことでもいいのです。それを大事にしてみてください。【Q＝問い続ける】ことにもつながりますね。

❷ 三叉路を幻想的に描く「Y字路」シリーズは、国際的にも高い評価を得る、横尾忠則の代表作。記憶や夢のイメージが重なり合い、様々なバリエーションを生み出し、過去・現在・未来が出会い分かれる様子を描いた一連の作品群のこと。

# M

★あなたならキーワードMを何にする？
★あなたは何メーカー？

● 人物
イケダハヤト
島田潤一郎
友廣裕一
ナカムラケンタ
蜷川実花
藤村靖之
横尾忠則
レイモンド・マンゴー

● 関連キーワード
【K＝組み合わせ&交換】p.86
【Q=Quest（問い続けること）】p.126
【W＝ことば貯金&コンセプトの創造】p.164

# N

## 農×旅＝農家民宿

【 Nouka Minshuku 】

分類

今後の方向性

この【N】では、他の25のキーワードとは一味変わったキーワードを紹介します。それは農家民宿という可能性についてです。「農×旅」「あるもの×旅」という視点といったらいいのかもしれません。

もしかしたら今後、若い世代によってこの国に、もっとたくさんの農家民宿ができるかもしれない。そんな気もしています。そんな未来を予測してみたくなるくらい、農家民宿という場、装置はすてきな発見だと思うのです。

僕が初めて農泊、❶農家民宿というコンセプトに出会ったのは2000年のことでした。故郷の綾部にUターンした1999年、母校の旧豊里西小学校が閉校になり、跡地活用が模索されました。

地域資源の発掘と、里山やアイデアなどのソフトを活用しつつ、都市農村交流や移住促進をミッションとする「里山ねっと・あやべ」という公設民営のNPOが生まれ、縁あって立ち上げスタッフになりました。ただし校舎はまだ宿泊ができず、そこで出会ったのが「農家民宿」です。

有名な先進地である大分の安心院町に視察に行き、2カ所に泊まらせていただきました。そこで感じたのが、農村風景、農村・農家のもつコンテンツ、当主のキャラクターを活かす農家民宿の可能性です。農家には部屋数も、ふとんも、食器もたくさんあります。野菜など素材の宝庫です。食事もステーキといったご馳走を出すというよ

❶農家民宿（農林漁業体験民宿）とは、農山漁村滞在型余暇活動のための基盤整備の促進に関する法律（略称「農山漁村余暇法」）に定められており、農林漁業者およびその組織する団体等が営業し、主として都市の住民に対して農林漁業に関する作業体験、農林水産物の加工又は調理体験、農山漁村の生活および文化に触れる体験等を提供できる宿泊施設のこと。

り、採れたての野菜料理、漬物といった、そこにしかない地域性こそ喜ばれます。

僕が半農半Xの視点から農家民宿について特に考えてきたのは、オーナーのX＝個性や家風、カルチャーが表現されているかということです。山野草やキノコに詳しいオーナーがいるとか、そば打ち修行ができるとか。味噌づくりでも、漬物づくりでも何でもいいので、個性をどんどん出してほしいし、現代風にアレンジをしてほしいと思います。囲炉裏のイメージもありますが、特になくてもいいのです。

それには、カブトムシやクワガタが採れる家といった普通のものもいいけれど、もっと尖ったコンセプトもあってほしい。タロットでの未来占い付きとか、ドローンの練習ができるとか、現代的なものがあってもすてきです。おもしろいコンセプトの農家民宿、どんどん出でよ！　です。

「農家民宿＝農業、古い」というものでなくても、個性的で新しい【K＝組み合わせ】もあってほしいと思います。実は我が家も綾部で2度ほど、実験的に受け入れてみたことがあります。夕ご飯を一緒に食べて、遅い時間までこれまでの人生や、どう生きるべきか、どう生きられたら幸せかを語り合う。翌日は田んぼで農作業。そんな1泊2日だった記憶がありますが、とても印象に残っています。

地元の方が始めてもいいし、若い世代が新感覚で開業してもいいのです。綾部での事例ですが、移住してきた若い世代の経営も目立ちます。綾部の場合は自然食のイメージが強いという特徴があるのかもしれません。

農家民宿の良さはいろいろあるけれど、旅好きな人だったら、家に居ながらにしてそこがまさに旅先になることでしょう。旅先で出会った人とこれまでの旅やこれからの旅や人生のことを語りあう。意見交換する。刺激の交換をする。あなたの住んでいる地がそんな場に変身します。農家民宿開業の妄想を膨らませていただくために、3つの例を紹介します。

### 例①冬だけオープンする「冬眠図書館」

冬だけオープンしている「冬眠図書館」というのがあると、2000年ころ、「太陽」という月刊誌（当時）で知りました。夏の間、いっぱい働いた人だけ、冬の間に行ける図書館。ブランケットが用意されていたり、シチューの提供もあったりするといいます。行ってみたい！と思ったのに、なぜか住所も公表されていません。

これはなんと、クラフト・エヴィング商會❷が雑誌で連載していた、「架空の図書館」「架空の職業紹介」だったのです（**『じつは、わたくしこういうものです』平凡社、2002年、文庫化は2013年**）。実在しないのに「行きたい」と思わせるってすごいですね。コンセプトを考える時、参考になります。

❷ グラフィック・デザイナー、著作家である、吉田篤弘・吉田浩美夫妻から成るユニット。実際には存在しないものを、さも実在するかのように創出してしまう趣向を凝らした作品（書籍の装幀、文章など）で知られる。

### 例②手紙でしか予約ができない宿

おもしろいといえば、予約サイトやメール、電話の予約もやっていなくて、手紙かハガキのやり取りのみでそれをおこなう宿が岩手にあるそうです。なんでも簡単にできる時代なので、これくらいの個性があってちょうどいい時代です。そこまでしてくれる人だけが来られる。誰でも歓迎も大事ですが、この指とまれも大事ですね。当のオーナーはそんなことまで思っていなくて、手紙が好きだからなのかもしれませんが。

### 例③花嫁修業がコンセプトの農家民宿

鳥取には「花嫁修業」という名の農家民宿がありました。大学を出てすぐ始めた女性が開業していたのですが、お客さんの「花嫁修業ができます」というコンセプトではなく、「私（宿のオーナー）に花嫁修業をさせてください」というユニークなものでした。彼女はすぐ結婚してしまいましたが、ふつうなら「花嫁修業」という屋号はつけません。

僕が彼女から教わったのは、ぼくたちはもっともっと自由な発想をしていいということです。

やるならぜひ、屋号もこだわってみてください。僕は「屋号力研究所」というブログをしていたことがあり、屋号にはうるさいのです。自分が農家民宿をするならどんな屋号にするか。考えるだけで楽しいですね。屋号を考えることで、こんな人のための農家民宿がしたいとか、ターゲットも設定できます。

「本を読まない人のための出版社」というキャッチフレーズをもつ出版社もあります。「〜のための農家民宿」。あなたなら何にしますか？

農家民宿といっても、自分で料理をつくる必要はありません。料理が得意なお母さんでも、妹さんでもいいし、極端な話、旅人が料理の腕をふるう、一緒につくるという農家民宿でもいいのです。この本を読んだ方が、いつか農家民宿を開業されたらすてきですね。読者のみなさんといつか泊まって交流イベントができる日を願っています。びっくりするコンセプト、見せてください！

ＭＩＭＩＧＵＲＩ（ミミグリ）という会社を経営している安斎勇樹さんは**『問いかけの作法――チームの魅力と才能を引き出す技術』（ディスカヴァー・トゥエンティワン、２０２１年）**という本に、現代病として「逸脱の抑止による、衝動の枯渇」をあげています。

僕たちはあまりにも飼いならされてしまって、気をつけないと思い立ったことができなくなってしまっているようです。どうか、本書を読まれた方には、何か小さくともアクションを起こしてほしいと思います。【H＝1人1研究所】でもいいし、【O＝OLD＋OLD＝NEW】でもいい。自分A to Zをつくってみることでもかまいません。

最後に2006年ごろに北海道を家族と旅していた時、ふと浮かんできた「天職観光」❸というコンセプトについて記しておきたいと思います。これからの時代の旅を考える中で、「天職のヒントを探す旅」というのがあるのではないかと思い至りました。自分を振り返るとそうした旅しかしていませんでした。農家民宿は誰かの天職を支える貴重な空間になるような予感がします。

❸「天職観光──天職のヒントを探す旅」というコンセプトに関しても、本にしたく、ただいま鋭意執筆中です。（塩見）

# N

★あなたならキーワードNを何にする？
★あなたならどんな農家民宿をやってみたいですか？
その特徴を3つ考えてみてください。

● 人物
安斎勇樹
クラフト・エヴィング商會
（吉田篤弘、吉田浩美）

● 関連キーワード
【H=1人1研究所】p.65
【K=組み合わせ&交換】p.86
【O=OLD+OLD=NEW】p.112

# O

## OLD＋OLD＝NEW

【 OLD + OLD = NEW 】

分類

今後の方向性

作家の**童門冬二さんの本『私塾の研究――日本を変革した原点』（PHP文庫、1993年）**のことをときどき思い出します。[1]この本で童門さんは松下村塾、適々塾、藤樹書院など、20カ所を取材。江戸期の私塾から有能な人財が輩出され、国を動かす大きな原動力となったこと、なぜ若者は私塾にひかれ、いったいそこでどんな教育がおこなわれたのかを記しています。

僕たちはこれまで学校でいろいろなことを学んできたけれど、習ってこなかったものもたくさんあります。それは「人生を形作っていくための法則」的なものではないかと思います。江戸時代の私塾にはそれが中心にあったのではないかと思います。

たしかにそんな科目はないし、それは学校の仕事ではないといわれることもあるでしょう。もしかしたら、それは家庭の仕事だと思われているのかもしれない。でも、家庭はそうは思っていない。今後もそれでいいのか。漏れた視点はなかったか。未来の学校とはどうあるべきか。おもしろいテーマですね。

この【O】で紹介するのは今後、生きるにあたり、大事にされたらいいなと思う優れた1つの方程式です。

「身近なあるもの」に、「別のあるもの」を加えて、新しい何かを生み出していく。その時ヒントになる考え方が、この「OLD＋OLD＝NEW（古い＋古い＝新しい。以下、OONと略）」です。NEW＋NEW＝NEWになる（新しいものを足すほど新し

❶この本はいまは手元にないのですが、20代のときに読んだ気持ちを大事にしたいと思うのは、僕の中に教育系のDNAがどこかあるからでしょうか。（塩見）

いものができる）と思っている人も多いかもしれません。でも古いもの同士を足せば、最先端のものもできるという、この不思議！

これは**『最高の答えがひらめく、12の思考ツール――問題解決のためのクリエイティブ思考』（イアン・アトキンソン、ビー・エヌ・エヌ新社、2015年）**にあるアイデア出しのヒントです。

僕は瀬戸内海に浮かぶアートの島、直島などでアートプロジェクトを進めた、福武財団理事長の福武總一郎さんの「あるものでないものをつくる」ということばにひかれてきました。身近にあるものや地域資源などを組み合わせて、世にないものを創ることです。ことばで言うのは簡単で実践はなかなか難しいのですが、それでも今後、めざしていくべきことの1つではないかと思います。

僕はできるだけ「機械を使わない農業」をしてきました。田植えは30センチ間隔で手植え。草が生えだすと、手押しの除草機を走らせたり、手で田の草取りをしたり。稲刈りは手刈りで天日干し。農作業の間に自分との対話や自然との対話もします。❷いま思えば、これもOONだったなって思うのです。日本にはすぐれたOLDがたくさんあり、「アイデア次第」という恵まれた国です。ぜひ自分でもできそうなOONを見つけてください。

料理でも、教育でも、まちづくりでもいろいろありそうです。あとはそれを【Q＝

❷ 最近で言うと「OON」の身近な秀例は、NHKの人気テレビ番組「ブラタモリ」だと思います。「地理・地学・歴史」といった古いものと、「歩く」という古典的なものを足すという素晴らしさ。意外とこんな方程式でできている番組も他にいっぱいあるかもです。（塩見）

Ｑｕｅｓｔ（問い続ける）】ことができるか、【Ｐ＝試作品をつくる】ことができるかです。いま、ラジオが人気なのも、「文字の文化」以前の「声の文化」と「想像力をかきたてる」というシンプルなところかもしれません。

ＯＬＤといえば、詩人まど・みちおさんの詩「どうしていつも」はぜひ紹介したい詩です。

太陽
月
星

そして
雨
風
虹
やまびこ

どうしていつも

ああ　一ばん　ふるいものばかりが
どうして　いつも　こんなに
一ばん　あたらしいのだろう

（『まど・みちお詩集』角川春樹事務所、2022年）

この詩には太陽からやまびこまで、ずっと昔からある古いものがいっぱい並んでいます。それもシンプルなものばかり。こんなに簡単なことばで普遍的な詩ができることに驚きます。まさにOONです！

まどさんにならって、太陽や月、星、雨以外にも、松、アジサイ、カラス、アリ、石なども注意深く見ていきましょう。OLDのヒントはいっぱいあります。米アップルの創業者、スティーブ・ジョブズはカリグラフィーや瞑想にも関心をもっていたといいますね。

僕が注目するのは、「発酵」です。重要なOLDだと思います。発酵には甘酒や味噌、しょうゆ、お酒など。蔵ごと、地域ごと、風土ごとという場所性もありますね。

手や足、触覚、嗅覚といった身体性もOLD。実は「身体性」も26のキーワードの1つに加えたい、重要なキーワードです。漢字やひらがな、カタカナも。筆や硯、鉛筆という道具も。短歌や俳句もすてきなOLDです。藍染、手ぬぐいなどもいいです

ね。山野草も最高のOLDです。満月や新月、二十四節気や七十二候も最高です。お寺や神社などもいいですね。僕が好きなOLDは、ペン、えんぴつと紙です。

みなさんの地域でもぜひ、OONをつくってみてください。いろいろな法則がある中で、なぜこのOONが優れているのか。それは日本にたくさんある良質の資源から新しいものがつくれるからです。NEW+NEWは意外と難しいし、そこで生まれるものがOLDではいけない。OLD+OLDがNEWになるって、実はすごいことなのです。

やがてみんながこの足し算を使うようになったとしても、僕は「あるもの」と「あるもの」を足して、「別もの」が生まれることは可能なように思います。短歌や俳句、詩、歌の歌詞、メロディがいまも枯渇しないのと同じように。

2022年、近畿2府4県内にある神社の神職研修として、半農半Xについて、そして今後の神社のあり方について、お話する機会をいただきました。その時、このOONの話をしましたが、みなさん何かを感じてくださったように思います。鎮守の森、祈り、目に見えないもの、ご朱印、磐座《いわくら》、滝、水、参道、祝詞など、すてきなOLDが神社にはいっぱいです。

ぜひOONを武器にして、新しい【K=組み合わせ&交換】を考え、【P=試作品をつくる】ことを、【V=ビジュアライズ（可視化）】することを試みてください。さら

❸「マイナス×マイナス=プラス」の事例はやはり、二宮金次郎さんが10代のときにおこなった話が僕は好きです（【S=センス・オブ・ワンダー】=144ページ参照）。田植え後、捨てられた稲苗を見つけ、荒れ地を開墾して田んぼに変え、秋に米を収穫！　最高です。（塩見）

には、OONを超える方程式を見つけてください。その時はシェアや【G=ギフト】もよろしくお願いします。参考に以下も記しておきます。❸「マイナス×マイナス=プラスになる」❹「画一的なもの×画一的なもの=ユニークなものに変える」など。すべては考え方次第です。

❹一見、難しく感じるかもしれませんが、たとえば「毎日」×「いつものお弁当(箱の色・カタチ、おかず)」=「忙しい朝でも簡単に工夫してつくれて、見栄えもいいお弁当」って感じでしょうか。森かおるさんの『日々のお弁当図鑑』(アノニマ・スタジオ、2011年)にはおかずを4種(A〜D)に分類して、それらを組み合わせる発想でつくられていて、ヒントがいっぱいです。日々の暮らし、通勤通学、学校教育などなど…意外な組み合わせで、おもしろくできたらいいですね。(塩見)

# O

★あなたならキーワードOを何にする?

★OLD+OLD=NEW、あなたなら何を入れる?

◉ 人物

イアン・アトキンソン
スティーブ・ジョブズ
タモリ
童門冬二
福武總一郎
まど・みちお

◉ 関連キーワード

【G=ギフト】p.58
【K=組み合わせ&交換】p86
【P=試作品をつくる】p.120
【Q=Quest(問い続けること)】p.126
【V=ビジュアライズ(可視化)&ビジョンメイク】p.158

# P

## 試作品をつくる

【 Prototyping 】

分類

**キー動詞**
**武器づくり**

本書で紹介する26のキーワードの中で、いままでならば「どれが一番大事?・」と尋ねられたら【S】の「センス・オブ・ワンダー、感性、感受性」が一番大事です、と答えてきたと思います。でも本書を執筆する中で至ったのは、

**【S＝センス・オブ・ワンダー】のこころを持ちつつ、新しい【K＝組み合わせ】を模索すること**

**【P＝試作品をつくる】こと**

が、これからの生き方の決め手になるということです。アイデアは重要。だけど、アイデアを出すだけで安心して、その後、動けない人、そこでやめてしまったり、忘れてしまったりする人、継続して考え続けることができない人も多いのです。

とにかく初めの一歩力。何かが動き出す、「試作品をつくる」ことが重要なのではと感じています。本書もAtoZを活用した1つの試み、試作品です。これは本書ラストのメッセージ、【Z＝前衛でいこう】につながっていきます。

この【P】がもつメッセージには、「動く」「初めの一歩を踏み出す」ことが重要、という思いが込められています。それができたらすべてOKです。そして、それを愚直に【Q＝Ｑｕｅｓｔ（問い続ける）】こと、さらにセルフインスパイアし続け、自分を突き動かし続ける【M＝モチベーション】も。

本当は【P】には「〝早く〟試作品をつくる（Rapid Prototyping）」と「Rapid」の

文字を加えたいところです。明日やろうというより、やはり「いま」なのです！「早く動く」は重要なところですが、実際には早くなくても大丈夫。動くのがたとえ1年後でも、しないよりいい。大事なのは、形にするのを忘れず実行すること。

でも、これもなかなかハードルが高いのです。なぜか。僕たちは忘れやすいし、忙しい。アイデアはメモしないと3秒で消えてしまう。そうならないためにはまずメモに書き留め、忘却を防ぐためにそれを手帳に貼ったり、毎日、目がいくところに置いたりしないといけません。❶想いを持続することはなかなか難しいのです。

【P】に関連することばとして、「荒削り」というキーワードもあげましょう。本書ではAを、【A＝間柄】というキーワードにしていますが、「荒削り」も上位キーワードにしたいくらい、僕はとても好きなことばです。

完璧なものもいいけれど、荒削りでもいいので現段階のものでいったんまとめてみること。僕は古典的編集手法「A to Z」をこの10年ほど使ってきましたが、A to Zの良さはまさにこの「荒削り力」にあります。現段階のキーワードをベスト26にして提示する。2〜3個、完璧でないものがあったとしても暫定的なキーワード集をつくり、荒削りでも現段階でのベストの星座を描き、ことばを布置し、提示する。本書もそんな気持ちでつくっています。それをあえてことば化すれば、「手持ちのものを使って、現時点で最高の未来の方向性を提示する」ことができます。荒削りでも試作品をつくり、

❶これには、スマホを遠くに置いてみることなども大事です。哲学者のイヴァン・イリイチは「アンプラグ＝自分のやりかたでプラグを抜いていく、消費や産業的道具から自分を切り離していく」と言ったそうです。（塩見）

誰かに見せること。世に提示してみることです。

会議でもそうですが、手ぶらで参加するより、1枚の紙のメモでも、1行のことばでもあったほうがいい。空想より、何かカタチになったもの、たたき台がその場にあったほうがいい。「試す力」が重要って気がします。

何度も書きますが、試す力とは「初めの一歩」力です。とにかく実験の精神を持ち、実験室に立ち、手を動かしてみることが大事です。特に優秀じゃないのに、結果を出す人。なぜだかおもしろいものを生み出す人。僕はそういう人になりたいと思っています。

作家の石田衣良さんはコピーライター時代に、雑誌の誕生月占いで「思いを結晶化、クリスタライズしなさい」とあったのを読んで小説を書き、小説家として生きることになったそうです。

この話を知ってから、僕の中に「結晶化」「クリスタライズ」ということばも住むようになりました。荒削りでいいので、それぞれの大事なことを結晶化する。料理でも短歌でも動画でも何でも。僕の場合はコンセプト、新しい概念を生み出すことで勝負です。

キュレーターとして著名な**長谷川祐子さんが『キュレーション——知と感性を揺さぶる力』（集英社新書、2013年）**の中でこんなことを書いておられました。「百回実験して百回とも同じ結果を求められるのが《科学》なら、百回実験して百通りの結果（反応）が出てもかまわないのが《アート》（芸術）である」と。100回実験する力、あきらめないで楽しめるこころが大事ですね。

**『デザインの次に来るもの――これからの商品は「意味」を考える』（安西洋之＋八重樫文、クロスメディア・パブリッシング、2017年）**という本の中で、とても大事なキーワードに出会いました。これ以上のことばにはそうそう出会えないと思うくらいの、最近の僕のお宝ワードの1つです。

それはイタリアのルネサンス時代の工房の中心概念「アルティジャナーレ」ということばです。❷これを「工房の職人」と訳されてしまっては肝心なことが伝わりません。「アルティジャナーレ」とは、「概念や世界観をつくる＋美の表現＋手を使って思索する」ことだそうです。こんな大事な3つのことをあわせもつことばって、そうそうないと感じます。本書でめざすことを言ってくれているようで、ここでおすそ分けします。このことばは僕にとって大きな出会いだったと思っていますし、読者の方の中にも同じ想いを持ってくれる人も多いのではと予想します。

**齋藤孝さんの『世界の見方が変わる50の概念』（草思社、2017年、文庫化は2021年）**の中で、気になるメッセージがありました。いつかみなさんにも役立つかもしれませんので記しておきますね。

❷ イノベーションということばも、日本では「技術革新」と誤訳されてしまいましたが、この「アルティジャナーレ」は今後、大事に伝わってほしい「一級のことば」です。（塩見）

# P

自分の独創的なスタイルを確立した芸術家は、意図的にすばらしい先人の模倣をしています。その過程で自分ならではの味付けをしていく。そこから、それまでのものとはまったくちがう独創的なスタイルをつくりあげています。

僕は独創的なスタイルを確立したわけではありませんが、いつかこれをまねてみようと思っています。そうすれば、試作品の中から何か生まれてくるかもしれません。楽しみです。

★あなたならキーワードPを何にする？

★あなたならどんなチャレンジをして、どんな試作品をつくる？

◉ 人物

安西洋之
イヴァン・イリイチ
石田衣良
齋藤孝
長谷川祐子
八重樫文

◉ 関連キーワード

【A=間柄】p.18
【K=組み合わせ&交換】p.86
【M=○○メーカー&モチベーション】p.99
【Q=Quest（問い続けること）】p.126
【S=センス・オブ・ワンダー】p.139
【Z=前衛でいこう】p.184

# Q

## Quest
（問い続けること）

【 Quest 】

…………… 分類 ……………

**武器づくり**

………………………………

【E＝遠慮のこころ&将来世代】でも触れましたが、明治20年代、内村鑑三が33歳の時に箱根でおこなった講演「後世への最大遺物」に僕は影響を受けてきました。「我々は何をこの世に遺して逝こうか。金か。事業か。思想か。」という問いかけに、当時28歳だった僕はとてもインスパイアされたのです。以来、とても大事にしている問いです。

いま、僕が集めているものの1つが「優れた問い」で、いい問いがあれば、メモするようにしています。たとえば画家ポール・ゴーギャンの作品「我々はどこから来たのか　我々は何者か　我々はどこへ行くのか」は、代表的な問いの1つでしょう。

哲学者のシモーヌ・ヴェイユは、人に対して問いかけられる本当に意味のある質問は「あなたは何をやり抜こうとしているのか」だといいます。台湾のＩＴ大臣で世界が注目するオードリー・タンさんは、「これからの人類にとって、最も重要な問いは何ですか?」という問いに対し、「どうしたら、よき祖先（グッド・アンセスター）になれるか、ということです（My answer would be… "How can be become better ancestors"）」と答えたといいます。

この【Q】で伝えたいのは、「武器づくり」の1つといえる「問い続けること」「考え続けること」「探究し続けること」の大事さです。

「愚直に」とか「コツコツ」ってことば、好きですか?　「愚」という言葉がついているので、かっこいいことばではありませんが、僕はだんだん好きになり、あえて使うことばになっています。「直向《ひたむ》き」もいいですね。「愚直」とか「直向き」がない時代になっているのかもしれません。半農半Xというコンセプトも誕生からもうすぐ30年。「問い続けること」「考え続けること」「探究し続けること」の大事さは、愚直に伝え続けていこうと思います。

いまもプロ野球界に大きな影響を与え続けている名将・**野村克也さんの『ノムラの教え――弱者の戦略99の名言』（講談社、2013年）**の中にこんなことばがあります。野村さんは「考えることは、才能のない人間の最大の武器」であるといいます。世の中に天才はひと握り。ほとんどの人は私（野村さん）のような凡人である。とかく天才というものは考えなくてもできるから、頭を使うことが少ない。そこに凡人が天才に勝るチャンスがある、と。

30代前半、僕が影響を受けたのは、起業家を育てる実業家、作家として知られる福島正伸さんの以下のことばです。それは「成功者は5分おきに想いを確認する」というものです**（『起業家に必要なたった一つの行動原則――成功者は「思い」を5分ごとに確認する』、ダイヤモンド社、1998年）**。

成し遂げたいことについて、5分ごとに確認するってすごいことです。そもそも「5分前」のことさえ思い出せないのが現代です。忘却を回避するためには工夫がいる。3

分もすればもうたいていのことは忘れてしまうと言われる世にあって、5分おきに自分のミッション、パーパス（目的）を確認する習慣をつくる必要があるのではないかと感じています。

僕は【H＝1人1研究所】社会を提唱していて、X系のワークショップをおこなう際、「自分の研究所をつくるなら」と、その研究所名を考案してもらいます。こんな研究所をつくりたいとその時は思っても、1年後に「あれはどうなりましたか？」と尋ねると、多くの人はきっと名称さえ忘れているでしょう。日々、雑事も多い中、継続探究し続けられた人のみ果実を得るのではないかと思います。

**『Think clearly――最新の学術研究から導いた、よりよい人生を送るための思考法』（ロルフ・ドベリ、サンマーク出版、2019年）**という本の中に「フォーカス」の大事さが書かれています。ここでのフォーカスとは「着眼点」「注意を向けた点」という意味です。著者のロルフ・ドベリはこう書きます。

どこに注意を向けるかが、成功を手にするための大きな要因であるということ。それは、どうやら間違いないらしい。

あなたの人生においても、『どこに注意を向けるか』は、やはり重要な意味を持っている。それなのに、私たちは自分が注意を向ける方向を驚くほど重視していない。

自分が注意を向ける方向はどこか。今後はこれまでより意識する必要があります。野菜の種の研究でもいいし、土の研究でもいい。10年前にお会いした、福岡の循環生活研究所のたいら由以子さんは、台所の野菜ゴミを堆肥にできるおしゃれなバックを開発し、海外展開もされています。継続探究の成果ですね。探究してきたことを結晶化する、クリスタライズする。その時はぜひみなさんもAtoZの手法を活用ください。本書がAtoZで本になったように、あなたの探究もAtoZが応援してくれるでしょう。

ある時、自分はどんなことに関心をもっているか、追いかけているかという「マイテーマ」を、箇条書きにしたことがあります。20〜30はありました。その中で僕が20代のころから考えてきたことの1つが「人はいつ変わるのか（人はなぜ変われないのか）」というテーマがあります。人や師との出会いか、1冊の本との出会いか、旅か、交通事故に遭ったことか、病気で病床にあった時か。人はいつでも変われるけれど、なかなか変われない生き物でもあります。

自分が追いかけているテーマを知っている人は、意外と少ないかもしれません。地球環境問題など問題の多くは自己変容できるかが鍵だと思います。ぜひマイテーマを頭の中だけでなく文字にするところから始めてみてください。

これからの生き方の1つのキーワードは「没頭」だと思っています。大事にしてきた2人の〝没頭系〟のメッセージを紹介します。

時間だけがすべての人に平等に与えられたリソースである。その時間を、自らの志向性と波長の合う領域に惜しみなくつぎ込む。それが個を輝かせる。大切な時間というリソースを自分らしくどう使うのか。そこがこれからはますます問われる。考えてみれば、学者や芸術家の世界で超一流の仕事をする人たちは皆、自らの志向性を早い時期に発見し、自らの志向性と波長のぴったり合った対象へ深い愛情を持ち、対象に没頭し、長期にわたり自分の時間を惜しみなく投じ、勤勉なコミットメントを続けるという資質を共通に有している。しかもその没頭に終わりはない。（**『ウェブ時代をゆく――いかに働き、いかに学ぶか』梅田望夫、ちくま新書、2007年**）

一条の冬の日差し。村の喧騒を遠く離れて、静かな晩に、何にもじゃまされることのない瞑想。田舎の館で、ろうそくがともされる前のたそがれ時。それはランプの灯が相も変わらぬ暮らしを再び取り戻す時を遅らせて、できるだけ長くと願う凪のひと時だ。…あるいは、友人と共に囲む夕げや独特のムードのある歌。あるいは、ただ、家族全員が灯のもとに集う宵のひととき。みな思い思いのことに没頭しているのだが、それぞれが家族の存在を感じている。（ポーランドの哲学者タタルケヴィッチのことば、心理学者の加藤諦三 訳）

# Q

個々はそれぞれ何かに没頭、しかし一体感がある世界。
僕の理想の光景です。

★あなたならキーワードQを何にする？
★あなたが探究、没頭したいテーマ、
気になるテーマは？

● 人物
内村鑑三
梅田望夫
オードリー・タン
加藤諦三
シモーヌ・ヴェイユ
たいら由以子
タタルケヴィッチ
野村克也
福島正伸
ポール・ゴーギャン
ロルフ・ドベリ

● 関連キーワード
【E=遠慮のこころ&将来世代】p.45
【H=1人1研究所】p.65

# R

## Respect & Inspire
（先人知へのリスペクト×若い感性）

【 Respect & Inspire 】

分類

### 今後の方向性

「〜をリスペクトしています」ということばを、若い世代が当たり前に使う社会になってきました。僕はとてもいい社会だと思っています。できれば、アーティストとか特別な人に使うだけでなく、家庭や学校、地域など、周囲に対して当たり前に使う社会になればと思っています。

畑仕事が好きな祖母に、梅干しづくりや味噌づくりが上手な隣のおばあちゃんに、うなぎが釣れる祖父や、鮎釣りが得意なお父さんに、または着物が縫える母や妹に。僕は「リスペクト」は今後の高齢化社会においても、無縁社会にもとても重要なキーワードだと思っているのです。

リスペクトされる内容は、地域の歴史文化に詳しいことでも、キノコや山野草、米、野菜づくりに詳しいことでも、もしくは民間療法や発酵に詳しいことでも、すてきです。山仕事、竹細工、ＤＩＹでも。滅びつつあるかもしれない何かの文化の継承者であること、それは【Ｊ＝地元学のこころ】にも通じますね。

これまで僕がまちづくりをおこなう中で、生まれてきた考え方があります。それは「先人知（地域や先人、先輩世代の知恵）×若い感性」という方程式です。先人知はすばらしいけれど、それのみでは広がりに欠けます。若い世代のセンスだけでは残念ながら深さがなかったりする。この２つがうまい具合にあわさると、パワーを発揮するのではないか。これが理想かもしれないと思うのです。

僕が提唱する「半農半X」という生き方も、先人の知恵を活かしながら、現代的なセンスを加えていこうというものです。「古くて新しい」は今後も重要な考え方だと思いますし、いいコンセプトというのは「懐かしさと新しさ」の両方をもつものと言われ、なるほどと思います。

北九州市門司にあるパンメーカーは、給食のパンの耳が廃棄されてしまうのを「もったいない」と思っていた時、その昔、読んだパンづくりの本に書かれていたことを思い出します。それは「紀元前からパンはビールの原料となっていた」というものでした。そして地元の地ビールメーカーと共同で、パンの耳からつくった発泡酒を開発したのだそうです。2022年夏、NHKの朝の全国ニュースでこの話題が紹介された時、まさにこれが「先人知×若い感性」だと思ったのでした。

故郷の綾部にある日東精工は、ネジなどの製造で有名な上場企業で、本社機能を地元に置き続けるすばらしい会社です。同社企画室による**『人生の「ねじ」を巻く77の教え』（ポプラ社、2014年）**という本の中で、「老舗とは勝ち抜いてきた店であり、長年客を飽きさせない店」ということばと出会いました。たしかに老舗の和菓子屋さんもそうかもしれません。いい商品であるのは当然。そこにさらにたゆまぬ革新がある。顧客を驚かせ続けるって、すごく大事なことです。

もう1つ僕が大事にしているのが「インスパイア（Inspire）」です。好きな英単語を尋ねられたら、「鼓舞する」という意味のこのことばと答えます。本書でもみなさんをインスパイアできたらいいし、僕は古今東西のいろいろな人から、そしてみなさんから、終生、インスパイアされたいと思っています。「インスパイア交換社会」、いいですね！

精神科医の和田秀樹さんは**『老いの品格――品よく、賢く、おもしろく』（PHP新書、2022年）**の中でめざす高齢者像として、「常識にしばられない、おもしろい老人」というコンセプトを掲げられています。もしかしたら、おもしろい老人とは「リスペクト&インスパイア」を持つお年寄りということかもしれません。今後の日本のめざす方向として提示をしておきたいし、僕もそうなれるように精進します。

いま、僕がとても心配していることがあります。それは僕たちが高齢世代になった時、「リスペクトされるもの」を何か持った人でいられるだろうかということです。山口周さんは、**『劣化するオッサン社会の処方箋――なぜ一流は三流に牛耳られるのか』（光文社新書、2018年）**という本の中で「年長者の価値を毀損する3つの理由」をあげていました。①社会変化のスピードの速さ、②情報の普遍化、③寿命の増進です。簡単に言えば、インターネットで知恵へのアクセスが可能になり、敬意が薄れ、みんな長寿で希少性が減ってしまったって感じでしょうか。

僕は、あなたは、その時、何が伝えられるか。「1人1文化の伝道者」というビジョンや方向性を示すことが大事になりそうです。僕が感じるのは地方、特に農村部にはリスペクトできる知恵を持つ先輩世代、高齢の方はまだ多いのではないかということです。重要なのは、【C＝カルチャー】や【H＝1人1研究所】での没頭力かもしれません。

いまの世に足りないものは「他者へのリスペクト」だと思います。自分で自分をリスペクトし、他者もリスペクトする。そんな世になればと願っています。そのためには他者を知る機会、相互に伝え合える機会が必要です。僕は❶「○○AtoZ」というCDジャケットサイズ、16頁の冊子をつくる活動をしていて（https://atozconcept.net）、世界のみんなが「自分AtoZ」をつくる時代にしたいと思っています。「自分AtoZ」は簡単なよい手法だと思います。

リスペクト社会になるために、他に何かよい処方箋はないか。以前、僕は小学校区の長老に話をうかがう「村のひかりカフェ」という対話の場をつくっていました。2時間ほど、ノートにメモをしながらお話をうかがうのですが、「聞き書き」の時間は双方にとって、とても大事な時間になります。人は自分が話をしている時、メモをされる経験ってほとんどないのかもしれません。メモをとりながら地域の人の話を聞くこと、おすすめします。みなさん、活き活きとした表情になります。

NPO法人共存の森ネットワークが❷「聞き書き甲子園（https://www.kikigaki.net）」

❶ 塩見直紀AtoZの冊子は公開中です。名刺もAtoZ名刺をオリジナルでつくっています。（塩見）
AtoZ Makers

❷ 聞き書き甲子園

を毎年、おこなっています。日本全国の高校生が森や海、川の名手・名人を訪ね、知恵や技術、人生そのものを「聞き書き」し、記録する活動です。匠に会いに行き、生き方を、技術を、世界観をうかがう！　すべての子どもたちがそうした経験をすれば変わっていく、そんな気がしています。ちなみにいま僕が聞き書きしてみたい方は、関門海峡で「関門ダコ」漁をされる長老の方です。

「生きる意味が枯渇している」と言ったのは、**『夜と霧』（みすず書房、新版は2002年）**の著者で精神科医のヴィクトール・E・フランクルです。それは環境問題より深刻だと。捨てられた犬猫を守りたい、というのでもいいし、この風景を守りたいというのでもいい。それぞれの意味を持って生きられたらと願います。





# R

★あなたならキーワードRを何にする？
★地域でリスペクトしているもの、人は？
★自分はどんな分野で世界をインスパイアしたい？

● 人物
ヴィクトール・E・フランクル
山口周
和田秀樹

● 関連キーワード
【C=カルチャー（耕す、自己陶冶）】p.31
【H=1人1研究所】p.65
【J=地元学のこころ】p.79

# S

## センス・オブ・ワンダー

【 Sense of Wonder 】

分類

**武器づくり**

神さまに「おまえの中にあるチカラを1つだけ残してやろう。何がいいか?」と言われたら、僕だったら、「センス・オブ・ワンダー（Sense of Wonder 自然の神秘さや不思議さに目を見張る感性）を残してください」と言おうと決めています。

宝ものを発見できる力。アートの源。これがあれば、たとえどんな世になろうとも生きていけるのではないかと思います。やさしくもなれます。社会起業家にも、【H＝1人1研究所】にも、このチカラが必要だと思うのです。そして、これを取り戻せれば、持続可能な世界へもっと近づけるのではないかと思うのです。

センス・オブ・ワンダーとは、ご存じの方も多いと思いますが、アメリカの科学者であるレイチェル・カーソンのメッセージです。「世界を変えた10冊」の1つといわれる**『Silent Spring（邦題『沈黙の春』）』**を1962年に書き、世に警鐘を鳴らしました。もう50年以上前のことです。

彼女は僕が生まれる前年に亡くなり、生前親しかった仲間によって**『センス・オブ・ワンダー』（日本語版は新潮社、1996年）**が出版されました。これからも読み継がれてほしい一冊です。

娘が小学6年生の時のことです。国語の教科書に、宮沢賢治の生涯を記した作品**「イーハトーヴの夢」（畑山博 作）**があり、娘が宿題として自宅で朗読を始めました。

「宮沢賢治は一八九六年（明治二十九年）八月二十七日、岩手県の花巻に生まれた。

津波や洪水、地震と、次々に災害にみまわれた年だった。……」。妻と二人、居間でそっと聞いていると、賢治さんについて知らないことがいろいろありました。賢治さんは農学校の生徒と田植えをした時、田んぼの真ん中に、ヒマワリの種を1粒まいたそうです。すると真夏に、あたり一面、平凡な稲の緑の中に黄色のヒマワリが1輪、大輪を咲かせました。教え子たちは「田んぼが、詩に描かれた田んぼのように、かがやいて見えましたよ」と言ったそうです。

農作業は大変で苦しいけれど、そんな中に楽しさを見つける。工夫することに喜びや幸せを見つけ、未来に希望をもつことの大事さを伝えたようでした。❶賢治さんはそんなこころを大事にしたのですね。

いま、僕が暮らしている山口県下関市の街は、童謡詩人の金子みすゞが暮らしていた地です。生前のみすゞさんは書店の店番をしながら詩を書きました。我が家の近くにもみすゞさんの詩や逸話が書かれた碑文があちこちにあり、周遊コースになっています。2023年はみすゞさんが下関にやってきて、ちょうど100年の記念の年です。

みすゞさんの詩にセンス・オブ・ワンダーを感じるのは僕だけではないでしょう。みすゞさんの作品に「大漁」という有名な詩があります。イワシの大漁に漁村はわき、人びとは祝い、喜んでいる。でも、海の底では親や子、仲間を失って泣いているイワシ

❶僕も賢治さんをまねて、一度、田んぼにヒマワリを蒔いてみたこともあります。（塩見）

さんがいて、こちらでは弔いとなっているのです、とみすゞさん。イワシの視点から見たら、大漁とは多くの仲間の死でもあるのです。いまの僕たちにはもう思い至らなくなった視点、こころを教えてくれます。

種まきでも、草取りでも、農的なことはセンス・オブ・ワンダーを取り戻すのにとてもいい。そんなことも感じてきました。カントリーウォーク、村歩きもとてもおすすめです。僕も綾部で「センス・オブ・ワンダーな村歩き」をこれまでたくさんおこない、ガイドをしてきました。薪や焚き付けの枝が積んであったり、茶畑があったり、干した大根があったり、車が通れないような小道やアスファルト舗装されていない野道や起伏、段差など、最高の素材です。散歩はこころにも、身体にも良い影響を与えてくれそうです。

歩くことでセンス・オブ・ワンダーを育むことができますね。散策中、見つけたおもしろいもの、宝ものをメモし、歩いたあと、発見したものの発表会をすると効果的です。写真を撮って見せ合ったり、短歌や俳句、詩などで表現するのもいいですね。

２０２２年、つれあいの故郷の下関市を歩いていたら、ノアサガオがきれいな紫色の花をつけていて、思わず足をとめました。こんなふうに僕がアサガオに足をとめる理由は、赤瀬川原平さんや森村泰昌さんら現代美術家の本で、豊臣秀吉と千利休のアサガオの逸話と出会う機会が何度も重なったからです。

まだ日本ではアサガオがめずらしいころのお話。アサガオが美しい花を咲かせているうわさを聞いた太閤、秀吉がぜひ見たいとやって来るのですが、利休は花をすべて摘み取らせ、茶室で1輪だけを見せたという話です。この逸話を知って、僕の道ばたのアサガオの見え方が変わってきました。

また、広島県福山市内の国道2号線を車で走っていたら、運転席横の窓ガラスにイナゴがしがみついているのを見つけました。すぐに飛び立つかなと思って、ときどき見ても、動く気配はありません。車をとめて、飛び立つように仕向けることもできましたが、本人（！）にまかせようと思っていました。僕は娘の住む広島市へ行く予定で、社会人の娘は原爆ドームの徒歩圏内に住んでいます。8月のことだったので「これはもしかしたら、原爆ドームに行くつもりかも」と感じた次第です。アニメ「母を訪ねて三千里」などを子どものころに見すぎたせいかもしれませんね。

二宮金次郎（尊徳）さんもセンス・オブ・ワンダーな人だったのだと思います。【O＝OLD＋OLD＝NEW】の註❸でも書きましたが、田植え後の村の中、田んぼの隅に捨てられている余った稲の苗（捨て苗）に気づき、荒れ地を開墾し、その苗を植えて秋に収穫し、蓄財していきます。捨て苗に気づけるセンス、余っているものを使ってそれを活かせないかと発想でき、実際に動けること。それがいま求められているように思うのです。

でも、僕たちの感性はよくなっていると思う反面、もしかしたらものすごく退化してしまっているのかもしれません。退化していることを教えてくれたり、叱ってくれたりする人が、周囲にいるってとても大事。誰でもそうですが、だんだん叱ってくれる存在はいなくなるので、気をつけないといけません。

僕にとってその存在とはつれあいなのですが、次いで叱ってくれるのが、詩人の**茨木のり子**さんです。僕だけでなく、**「自分の感受性くらい」**という詩に叱ってもらっている人もいることでしょう。僕は特に以下にしびれます。「初心消えかかるのを／暮しのせいにはするな／そもそもが　ひよわな志にすぎなかった」と。

みな持って生まれてくるけれど、子どもから大人になるにしたがってなくしていくセンス・オブ・ワンダー。いまはセンス・オブ・ワンダーを持った大人がたくさん要る時代だと思います。

# S

★あなたならキーワードSを何にする？

★センス・オブ・ワンダーが無くならないように
心がけていることは？
どうすれば、それを育めますか？

◉ 人物
赤瀬川原平
茨木のり子
金子みすゞ
千利休
豊臣秀吉
二宮金次郎（尊徳）
畑山博
宮沢賢治
森村泰昌
レイチェル・カーソン

◉ 関連キーワード
【H=1人1研究所】p.65
【O=OLD+OLD=NEW】p.112

# T

## た・ね（翼と根っこ）

【 Ta-Ne 】

分類

**ベース**
**今後の方向性**

漢字が日本に伝わる以前のことばである「やまとことば」に詳しい先生が、「植物の種（た・ね）」の音意について、こんなことを教えてくれたことがあります。「た」は「たかく」「たくさん」と空に向かってのひろがりを、「ね」は「根っこ」「根源」を、あらわしますと。いまを生きる僕たちは「根なし草」になっていると、ずいぶん以前から言われてきました。何より大事な「根っこ」をなくしかけていると。おそらく、同じような危機感を持った人が、本書を手に取ってくださっているのでしょう。

僕がこの四半世紀おこなってきたのは、「未来に伝えたい〃根っこ〃を取り戻しつつ、創造性の〃翼〃をひろげたい」というものでした。本書も同じです。「（自分の）根っこを取り戻し、各自が有する天与の才を活かしていこう」という想いがあります。

この「た・ね」の考え方は、一人ひとりの生き方にも、家庭にも、企業やＮＰＯなどの組織にも、市町村や都道府県、そして国のあり方においても、めざすべき方向性を指し示す羅針盤になるのではないかと考えてきました。

でもいままで、この「た」「ね」の考え方がこの世にはなかったように思います。創造性開花という視点も、根っこを大事にするという発想も、ともに足りなかったのではないかと。残念ながら日本にはなかったと思うのです。「た」の教育も、「ね」の教育も。ともに。見事に。僕たちがこれからめざすべき方向は、独占せず、ひろがりがある、「た（翼）」と「ね（根っこ）」の精神を忘れないこと、です。

植物の種というものにひかれるようになってずいぶん経ちます。**小松昌幸さんの本『豆を蒔くとき、三粒ずつ蒔け』（光雲社、1988年）**から、こんな発想も教わりました。小松さんはこう書きます。「昔の農民は豆を蒔くとき、必ず三粒ずつ蒔いた。一粒は空の小鳥のため、一粒は地の虫のため、一粒は人間のため。鳥や虫にはなんにもやらない、人間だけがという貪欲を出してはいけない。鳥や虫の住めない世界に人間が住めるはずがない。『生態系全体の循環の中での人間の生き型』を昔の農民はなによりも大切にしていたのである」と。

種の不思議さについては、いろいろな詩人が魅力的な作品を書いています。あの小さな塊に未来の可能性が凝縮している不思議さが興味深く、詩人のこころをくすぐるのですね。**『そらいろのたね』（なかがわりえこ 文、おおむらゆりこ 絵、福音館書店、1967年）**や**『すいかのたね――ばばばあちゃんのおはなし』（さとうわきこ 作・絵、福音館書店、1987年）**など、種をテーマにした絵本もいろいろあります。

僕❶が好きな絵本は**安野光雅さんの『ふしぎなたね』（童話屋、2017年）**です。仙人からもらった2粒の種が増えていく名作です。元気がほしい時は、ぜひこの物語を読んでみてください。アメリカの児童文学作家**ポール・フライシュマンという人が書いた『種をまく人』（あすなろ書房、1998年）**という物語もおすすめです。荒れた

❶ 以前、僕のブログで半農半Xの観点から絵本を100冊セレクトしたことがあります。興味がある方はぜひチェックください。（塩見）
https://plaza.rakuten.co.jp/simpleandmission/3012/

街に少女が種を蒔き……（その先は自分でたしかめてくださいね）。

種といえば、忘れられない話を2つしましょう。金持ちと種持ちは紙一重ともいわれ、いい種というのは家宝になるし、資産にもなります。家で独占して門外不出にしたりすることもあるし、地域で共有するという哲学をもった庄屋さんもいたりしました。

在来種について特に関心を持ち始めた頃、滋賀県のとあるまちでは「嫁入り道具」の1つとして、ナスの種を持っていく文化があったことを知りました。新天地に種を蒔き、漬物にしたとのことでした。

おいしいナスの漬物を嫁ぎ先でも食べたい。そうすれば嫁いだ寂しさも癒えるのかもしれません。「嫁入り道具」といえば、昔はタンスや鏡台、電化製品などきらびやかなものを持ち込むイメージがありましたが、そんな中「種を持っていく文化」はとてもすてきだと思いました。

本書でいうと、【C＝カルチャー】で紹介したいようなお話です。この話を聞いて僕が思ったのは、「嫁入り道具に野菜の種を持っていく時代にしたい」ということでした。「いいね！」と思ったらぜひ実行ください。ここから新しい文化が生まれたら幸いです。

翼をもつ植物の種は風に乗って移動するといいますが、種は人と旅をして、交換されたりして、あちこちに広がるものでもありました。そうやって新しい土地にまた馴染んでいき、新たな個性をもつようになり、新しい力を発揮するようになるかもしれません。

忘れられない種の話をもう1つしましょう。もう25年ほど前のことです。毎日新聞の「女の気持ち」という投稿欄に、70代の奈良在住の方の「自家製ゴマづくり半世紀」❷という投稿がありました。結婚された時、実家からひとつまみのゴマの種をもらって以来、なんと半世紀のあいだ毎年、黄ゴマをつくり続け、ゴマを愛する豊かな暮らしが書かれていました。

手紙を書いて、当時住んでいた京都から奈良まで、会いに行きました。ゴマは小さくなかなか面倒な作業もありますが……など、楽しいお話をたくさん聞かせてくださいました。そして帰り際、「継承者になってください」と、なんと一升瓶2本分のゴマをくださったのです。毎日新聞が「ゴマの里親募集」と記事にしてくださり、200名を超える方にお送りすることになりました。そのお一人、奈良市で「粟」という大和野菜のレストランを経営されている三浦雅之・陽子さん夫妻❸は、いまもゴマを育て続けてくださっています。農を大事にしながら、料理人としての創造性をさらに磨く、そんなシェフが増えたり、種を大事にするシェフも日本各地に増えてきた印象です。すてきな時代になろうとしています。

また、種は農家の小屋で眠っているところを発掘されて、休眠していた物語が動き

❷ 日本のゴマの自給率は0・1%未満(2021年)。ほとんどを海外からの輸入に依存しています。(塩見)

❸ 奈良の大和野菜を守る活動をされているお二人の本『家族野菜を未来につなぐ――レストラン「粟」がめざすもの』(三浦雅之・三浦陽子、学芸出版社、2013年)もおすすめ本です。(塩見)

出すことがあります。以前、広島県はローラー作戦で農家に眠る種を探し、保存活動をしたことがあるそうです。もうずいぶん前のことですが、大事な活動だったと思います。【N＝農×旅＝農家民宿】に泊まった時、種をもらって帰り、植えることも今後あるかもしれませんね。

種のような、昔からのものを大事に伝えることも大事ですが、過去やいまあるものだけが宝ものではなく、誰でも今からつくれるものです。僕はこれからも宝ものをつくろうと思っていますし、何より本書が誰かの小さな宝ものとなればと思います。古今東西の誰かのことばも宝ものです。宝ものの種（た・ね）は、自分の足元にいつもあるし、その気になればいつでもつくれるってすてきですね。

私たちがめざす方向は、独占せず、広がりがあるもの、共有できるもの。翼と根っこの両面、「た・ね」の精神を忘れないこと、です。

# T

★あなたならキーワードTを何にする？

★地元の在来種、何かありますか？

◉ 人物

安野光雅

おおむらゆりこ

小松昌幸

さとうわきこ

なかがわりえこ

ポール・フライシュマン

三浦雅之・陽子

◉ 関連キーワード

【C＝カルチャー（耕す・自己陶冶）】p.31

【N＝農×旅＝農家民宿】p.105

# U

## 生み育てる

【 Umi-Sodateru 】

分類

**キー動詞**

有名なパン屋さん「タルマーリー」の店主、**渡邉格さんが書いた『田舎のパン屋が見つけた「腐る経済」』（講談社、2013年、文庫化は2017年）**はおすすめ本の1つです。僕も鳥取県智頭町のお店に行ってきました。

渡邉さんは本の中で、カール・マルクスが指摘した「労働力」が「商品」になるための、2つの大きな条件について紹介しています。1つは、労働者が「自由な」身分であること。もう1つは労働者が「生産手段」をもたないことです。

翻って半農半Xの場合は、農をすることで土地に縛られる面もあります。田畑で農をおこない、米や野菜、味噌などをつくったりしますので、生産します。僕が感じたのは「自由すぎない」ことの大事さです。耕す土地や先祖の土地があるという制約は、大事ではないかと思うのです。そして「生産を取り戻す」のはとても重要なことなのです。自由過ぎてはいけない、そして生産をしなくなるのはまずいこと。何か少しでも生み出す人であるべし、です。

1981年創刊の有名なアウトドア&ネーチャーマガジン、月刊「BE―PAL」（小学館）に半農半Xという文字が載ったのは、2005年7月号のことです。そこには尊敬する民俗研究家の結城登美雄さんのインタビュー記事が4ページにわたって紹介されています。その記事にある、結城さんが酔っぱらうとよく言うという「若者よ、バイトで60万円貯めたら過疎地の田畑を買いなさい」のお話がとてもいいので共有します。

結城さん曰く「若者よ、1日1650円ずつ、1年間貯金しろと。すると60万円になる。いま60万円あったら、東北の農地が1反歩（991・7平方メートル）買えるぞって。[1]5人の仲間で買えば5反歩だ。すると農地法を堂々と突破して農業者として参入できる。農地を手に入れたら、種を蒔け。蒔けば芽が出て花が咲き、実りがある。それを腹いっぱい食べ、食べきれない生産物を友達に分けろ。そんな生き方があるぞとね」。

僕は結城さんのこのメッセージ、とてもすばらしいなと思うのです。いま、富山県や埼玉県の面積と同じくらいの土地が耕作放棄地になっていて、農的な暮らしや農業を始めるにはとてもチャンスなのです。昔は農地を借りる時には賃借料（地代）、古い言葉でいえば年貢が必ず必要だったのですが、いまは逆に地主さんが「タダでいいです」と喜んでくれることもある時代になっています。

これからの時代をどう生きていったらいいのか。そんなことを考える時、いつも思い出すのが作家、宮内勝典さんの「バリ島モデル」というライフスタイルです。1995年に出会ったその考えに僕は大きな影響を受けてきました。僕はこの生き方をエバンジェライズ、伝道することがミッションだとも思っています。

バリ島では朝早く水田で働き、暑い昼は休憩します。そして夕方になると何をする

[1] 農家になるためには、面積の縛りがありました（農地の権利取得における下限面積要件）。ただし現在は、2023年の農地法改正により、その下限面積が廃止され、参画しやすくなります。下限面積要件以外の許可要件がありますので、各市区町村の農業委員会に確認してください。（塩見）

かというと、それぞれが芸術家に変身するのです。毎日、村の集会所に集まって音楽や踊りを練習したり、絵画や彫刻に精魂《せいこん》を傾けたり。そして10日ごとに祭りがやってきて、技を披露し合います。その翌朝はまた田んぼで働き、夕方には芸術家になる。宮内さんは「村人一人一人が、農民であり、芸術家であり、神の近くにも行く。つまり一人一人が実存の全体をまるごと生きる」と書いていました。そして、「このバリ島モデルを、人類社会のモデルにすることはできないか」と**(詩人・山尾三省さんとの対談集『ぼくらの智慧の果てるまで』筑摩書房、1995年)**。

農に携わりながらアーティストである。クリエーターである。ここにこれからの未来のカタチがあるような気がしています。持続可能性を有する暮らしをしながら、創造的で付加価値も創り出し、地域とともにある。そんな人々の集合体。僕はこの国の未来ビジョンをこのように考えています。【J＝地元学のこころ】でも書きましたが、東北のバッタリー村の憲章にある「一人一芸、何かを生み出し」というのも本当にすてきな考え方だと思います。

「この田んぼは風の通り道」ということばを父から教わって、この田んぼに吹く風を活かして、「風力除草」ができないかと考えたことがあります。それは風を得て、プロペラが回り、それで水面に波紋ができ、田の水が濁り、水面に光が届かず、そのことで草を生えさせない仕組みです。結局、試作には至らず、思索のみだったのですが。

同じような考え方で「アイガモロボ」というのが以前からあり、いろいろな地でチャレンジされています。【P＝試作品をつくる】と似ていますが、アイデアを超えて、実物を生み出すこと、大事ですね。

無農薬の田んぼではヒエ、コナギなどの雑草が生えてきます。そこで手押しの除草機を縦横に押したり、手で草取りをしたりしてきました。大変だけど、好きな時間の1つでもありました。汗が水面に落ち、波紋となることもあります。胸のポケットに紙とペンをいつも入れてきましたが、そこから詩や短歌、俳句、歌詞、メロディが生まれるのでもいいのです。

また素足で田に入ることが多かったのですが、「田の場所によって、土の感触がことなる」とか「石があるな」とか、歩くといろいろわかってきます。小石に出会うと、田んぼの中に残すのではなく、面倒でも手で取って田んぼの外へ出します。それが田んぼの畦の隅に積まれていく。これも「何かを生み出す」ことの1つ、風景も生み出されるものの1つですね。

ヒエ（食べられないイヌビエです）だらけの田んぼは美しくありません。風景も生むことができるのです。地域のあちこちで草ぼうぼうが当たり前になる時、子どもたちの感性にどんな影響を与えるのでしょうか。「美しくないな」とは、子どもでもきっとわかるでしょう。

# U

ある時、草刈りをしていたら、「風景修復士」ということばが生まれてきました。稲《いな》木《き》で稲を天日干しする風景も、僕が生み出してきたものの1つです。道行く人が時々、車を止め、写真を撮られることがありました。おもしろいものですね。

野菜の種が蒔かれ、芽が出た畑を見て、感じるのは、「蒔いた人は収穫できる」というシンプルな事実です。たとえば海外講演に行っていて種蒔きシーズンに不在で種をまいていなかったとしたら、その野菜は収穫できません。「蒔くものは収穫できる」とは聖書の中で何度も登場するメッセージですが、これは宗教を超えて、ぼくたちの人生にも言えることです。

最後に明治の文豪、幸田露伴のことばを紹介しましょう。本当に幸せな人って、こんな3つの福を大事にしている人なのでしょう。

「借福」＝幸福（幸運）をムダづかいしない人
「分福」＝幸福（幸運）を他人におすそ分けする人
「植福」＝次の代の人のために幸運の種蒔きをする人

★あなたならキーワードUを何にする？
★あなたは何を生み、育てますか？

◉ 人物
カール・マルクス
幸田露伴
宮内勝典
山尾三省
結城登美雄
渡邉格

◉ 関連キーワード
【J=地元学のこころ】p.79
【P=試作品をつくる】p.120

# V

## ビジュアライズ（可視化）&ビジョンメイク

【 Visualize & Vision-Making 】

分類

**武器づくり**

１９２８年、世界の天文関係者が集い、それまで世界でバラバラだった星座を88に統一したそうです。大げさですが、本書はこれからの生き方について、新しい星座（視座）をつくることをめざすものです。

A to Zのことを研究する中でたどり着いたことばの1つが、「コンステレーション＝星座、星座的布置」でした。不透明な時代のいま、26個のキーワードでつくる星座が、少しだけでもよい方向を示してくれたらと思います。

２０１６年、北海道庁からの依頼で、集落の未来を考えるシンポジウムに登壇しました。トークの壇上でひらめいたのが、いまの世の中はトランプゲームの「神経衰弱」のように、すべてのカードが裏返っている状態ではないかということでした。荒削りだけどユニークなカード、多様ないいカードもいっぱいある。けれどすべて裏返ったままのような状態で星がきらめいていないのが、いまという時代なのでは。僕には現代の社会と神経衰弱のカードがだぶって見えたのです。

それに対して僕がめざすのはどういう世界かというと、最初からカードはすべて表向きでビジュアライズ（可視化）されており、その中から新しい組み合わせを自由に試せるイメージです。いま、よくいわれている「ＤＸ（デジタルトランスフォーメーション）」ですが、その本質とは結局、「組み合わせ自由」「組み合わせる機会の豊富さや、無限性」。それを活用せよということです。

AtoZは、まさにカードを表向きにする試みだと思っています（本書冒頭で紹介した「塩見直紀AtoZ」「半農半Xのこころ AtoZ」も、そして本書も）。

これまで故郷の「綾部AtoZ」や、70戸ほどの我が村「鍛治屋自治会AtoZ」というものも過去、つくってきました（ともにワークブック「AtoZが世界を変える！」で公開しています）。みなさんもぜひ、住んでいる地域・集落・自治会・町内の魅力をまとめたAtoZ、つくってみてください。実感いただけると思います。

「人や地域の魅力のビジュアライズ（可視化）」はいま、僕が力を注いでいる分野です。市民のみなさんとワークショップでつくるのもおすすめです。主にCDジャケットサイズの16ページのミニブックにまとめるスタイルにしています。最近では福岡県香春町の「かわらAtoZ」（2022年）が、香春町地域おこし協力隊（当時）の三村信也さんらによって制作されました。また、文化庁の補助事業で京都府京丹後市の高龍小学校のみなさんらによる「高龍AtoZ」（2023年）ができたりしています（次世代と地域文化をつなぐミュージアムプロジェクト）。綾部の高齢化率の高い小規模集落である「水源の里」では毎年、京都産業大学現代社会学部の滋野浩毅ゼミによって集落単位でのAtoZ冊子化がおこなわれています（サイト「❶AtoZ Makers（https://atozconcept.net）」で内容を見られます）。

【V】のもう1つのテーマが、ビジョンメイクです。いま日本に、そして世界に足り

❶ AtoZ Makers

ないものがあるとしたら、それは「こんな日本に、こんな世界にしたい」というビジョンです。

荒削りですが、僕がめざしたいビジョンとは……【H＝1人1研究所】社会というビジョンです。**『成功はすべてコンセプトから始まる――「思い」を「できる」に変える仕事術』（ダイヤモンド社、2012年）**を書いた木谷哲夫さんによると、良いコンセプトの第一条件とは「ワクワクする可能性、大きなインパクトをもたらす可能性がある」ことで、「難しいかもしれないが、ひょっとするとうまくいく。もしうまくいくとすごいことになるぞ」というのが最高のコンセプトだそうです。みなさんの描く未来像はどんな感じでしょうか？

そのためにはやはり文字にすること、言語化が大事です。**『未来は言葉でつくられる――突破する1行の戦略』（細田高広、ダイヤモンド社、2013年）**という本の中で「ビジョナリーワード（未来を創る力のある言葉）」ということばに出会いました。著者の細田高広さん曰く、機能するビジョナリーワードの条件とは以下の3つを備えていることばだそうです。①「解像度」、②「目的地までの距離」、③「風景の魅力」。

本書を読むことで、「解像度が上がった」「目的地までの距離が近づいた」「風景がモノトーンから魅力的なものになった」……そうなる本であることを祈ります。

この本はAtoZという手法を使って、僕の頭の中を可視化するという試みでもあります。たいしたものが入っていないなとか、肝心のあのキーワードが漏れているじゃないかとか、思われる方もあると思います。それでいいのです。誰かがそれを付け加えてくれたらいいのです。たたき台をつくるって大事です。【P＝試作品をつくる】につながりますね。

ここで少し異なる視点から、ビジュアライズ（可視化）について書いておきます。**『地球家族――世界30か国のふつうの暮らし』（マテリアルワールド・プロジェクト（代表ピーター・メンツェル）、TOTO出版、1994年）**という写真集はご存じでしょうか？　世界の30カ国、30の家庭の家財道具をすべて家の外に出して、家族とともに撮影するというビッグプロジェクトです。アフリカなどでは家財道具も少なく、中東の産油国では高級車が4台もある家もあります。日本はどうかといえば、プロジェクトに協力された家の方には申し訳ないのですが、他の国々と比べるとモノだらけで、多くの人がびっくりした写真集です。いまもロングセラー本のようです。まだ見たことがない方はぜひ実際にチェックください。まさに可視化のパワーを証明する本でした。

故郷にUターンした2000年ころ、「情報発信のないところは滅びる」ということばに出会い、衝撃を受けたことがあります。これもビジュアライズ（可視化）の1つでしょう。以来、僕は可視言語化を大事にしてきました。現時点で最も近い想いをことばにすることを積み重ねていけたらと思っています。

# V

「里山ねっと・あやべ」というNPOに在籍していた2000年ころ、「あやべ田舎暮らし情報センター」という看板が掲げられ、田舎暮らし相談をしているとのニュースがTVで流れると、問合せや来客が増えて、びっくりしたことがあります。「デザイナーになりたい」と心で思っていた人が、それを名乗ったり、名刺をつくったりすると、依頼注文が入るといいます。掲げないと誰もわからない。以心伝心はない。思い切って、やりたいことを表現すること、可視言語化すること。それは大きな力を持っています。

僕はAtoZを「日常使い」にしたいと思っていて、それで「AtoZノート」（15ページ参照）をつくってみました。頭の中にあるものをもっとうまく取り出せないか。そんなことを願っています。みなさんもAtoZを夢の実現にいろいろ活用してみてください。

★あなたならキーワードVを何にする？
★どんなビジョンを描きますか？

●人物
木谷哲夫
滋野浩毅
ピーター・メンツェル
細田高広
三村信也

●関連キーワード
【H=1人1研究所】p.65
【P=試作品をつくる】p.120

# W

# ことば貯金&コンセプトの創造

【 Words Collection & Concept Creation 】

分類

**武器づくり**

いまから30年ほど前、僕が20代の半ばころのことです。「新概念創出力」ということばに出会い、なぜだか惹かれてきました。いまのようにコンセプトということばもそれほど使われる時代ではなかったのですが、コンセプトをつくれることが大事なのではないかなと思ったのです。

その数年後、僕の中に半農半Xということばが生まれます。ちなみに同じころ、僕にとって重要なもう1つのことばに出会いました。それが「ソーシャルデザイン」。僕がやりたいのはこれだと、ひとことで言えることばに出会ったのです。

大学時代は教員をめざしていて、中学校の社会と国語の教員免許を取得しました。教育に関する科目を担当していた先生の影響で、大学の4年のころから、いいことばに出会うと、ノートにメモをするようになりました。ぼくはそれを「ことば貯金（Words Collection）」と呼んでいます。いまでは「ことば銀行」に、いろいろなことばがいっぱい貯まっています。途中から、自分のためだけに書き留めるのは心苦しくなり、ブログやフェイスブックなどで公開。シェア、【G＝ギフト】もするようになりました。

書き留めたことばにはいろいろありますが、大きく分類すると、

どう生きるか、X的なもの／例――この道より我を生かす道なしこの道を歩く（武者小路実篤）

持続可能な知恵、農的・里山的なもの、ローカルビジネスなど、なりわいに関するも

**の／例――ヘビがいる田んぼはいい田んぼ（ことわざ）**

となるように感じています。

ことばの創造に関してになりますが、とても大事にしている考え方を紹介しましょう。**澤泉重一さんの『偶然からモノを見つけだす能力――「セレンディピティ」の活かし方』（角川ｏｎｅテーマ21新書、２００２年）**に紹介されていた「発見とは、誰もが見ていることがらに、新しい意義づけをすること」という考え方です。

紀元前１世紀の半ばに、「ヒッパロスの風」と名づけられた風が存在したといいます。この風はインド洋に吹く貿易風で、これを発見したアレクサンドロスの水先案内人ヒッパロスにちなんで名づけられました。この貿易風に名前がつけられた後では、その風の価値は飛躍的に変わっていきます。ヒッパロスが発見する以前から吹いていた風なのですが、名前がつけられてからというもの、たくさんの航海者が明確な意図を持ってインド洋を船のハイウェーとして活用できることになったといいます。風の規則性を見抜き、それを活用する意義づけを行ったところは、まさに「発見」です。

澤泉さんはこう書きます。「活用性を高めるために有効であったのは、ネーミングに負うところが大きい。事象や現象に名前をつけるときには、あまり慎重すぎて遅れるより早い時期でのネーミングが望ましい。名前がない時期には存在していることすら認識されにくい」と。

半農半Xも同じです。みんな同じように感じていたけれど、まだことばがなかったということ。

できれば、この本を読んでくださったみなさんには、それぞれの「ヒッパロスの風」のように何かに名前をつけてほしいと思うのです。【B＝武器収集&ブリコラージュ】は、「それぞれのオリジナルの武器を探してほしい」というメッセージですが、【W】は「武器としてのことばの創造」となります。

## 2023年3月に『塩見直紀の京都発コンセプト88――半農半Xから1人1研究所まで』（京都新聞出版センター）という本を出版することができました。❶

コンセプトという文字がタイトルにつく本を出すことはめざしてきたことなので、やっと出すことができたなという思いでいます。

本をつくる中で、これまでの人生を振り返りました。そこで感じたことは、「武器集め」という考え方って大事ということです。【B＝武器収集&ブリコラージュ】でも書きましたが、武器と言っても、誰かを傷つけたり、威嚇したりすることをめざすものではなく、基本はみんなが幸せになっていくためのものです。

「武器」とはいいことばではないけれど、僕が旅をする時、生きていく時、ことばは

❶「新概念創出力」ということばと出会ってから、30年経っています。我が人生をコンセプトという切り口で振り返ると、つくった88のコンセプトを集めたこんな本が編めましたという感じです。（塩見）

きっと僕を助けてくれるツールになる。僕を救うだけでなく、周囲の人やまちの人を助けてくれるかもしれない。ことばの武器もいろいろたまると、化学変化が生まれたりもする。ことばも、コンセプトもそうなるとおもしろいですね。

大学の4年のころからいいことばをメモするようになり、さらにことばはメモするだけでなく、新しいコンセプトを生み出すことが大事だと学び、ことばによって、人の行動が変わり、社会もゆっくり変わることを学んできました。

ぼくはこの本を手に取ってくださっている人にも、オリジナルコンセプトを自分でつくれるようになってほしいと思っています。地方で創造的に生きるためには今後、さらに「地方×コンセプト」が重要になってくると思うのです。特産物をつくる時でも、農家民宿や食の店を開く時でも、何か発信する時でも、まちに図書館をつくる時でも、コンセプトは重要です。農業の世界にも、地方にもコンセプターがいります。

アメリカの社会学者タルコット・パーソンズは「コンセプトとはサーチライト」だといったそうです。僕の半農半Xを例にあげると、「兼業農家というサーチライト」では照らせなかったことが、「半農半Xというサーチライト」で照らしたことで、初めて見えてきた世界があったのかもしれません。

「何をめざしているのか、10文字以内で表せなければ、その会社は世の中にインパクトをあたえられない」。農業系ベンチャー「マイファーム」代表の西辻一真さんが、起業家の集まりで影響を受けたことばです。西辻さんはその時、「自産自消できる社会」ということばが浮かんだそうです。

２０１６年に開学した福知山公立大学地域経営学部の特任教員時代、ゼミ生と「コンセプトゼミ――コンセプトメーカーになるための問題集」という冊子をつくりました。52問の練習問題をやっていくうちに、ことばへの感性がアップするというものです。ご希望の方はお分けできますので、ご一報ください。

# W

★あなたならキーワードWを何にする？
★本書を読む中で生まれた造語、キーワード、コンセプトは？

● 人物
澤泉重一
タルコット・パーソンズ
西辻一真
ヒッパロス
武者小路実篤

● 関連キーワード
【B=武器収集&ブリコラージュ】p.25
【G=ギフト】p.58

# X

## 多様なX（使命多様性）& X meets X

【X Diversity & X meets X】

分類

今後の方向性

「半農半X」ということばが28〜29歳ころ、ふと生まれて、「半農半Xという生き方」を提唱することが仕事になりました。ことばが生まれて、僕がやるべきこと、ミッションができたのです。

早いもので誕生から約30年。本書ではこの間の学びから、これからの歩むべき方向性をAtoZという26の視点で提示するものです。農の世界や、ローカルに生きることを語る本としてはめずらしいかもしれませんが、ことばやコンセプト、世界観を重視したものになっています。

半農半Xは、環境問題（持続可能性）と天職問題（どうやって納得いく人生を生きるか）という、「21世紀の2大問題」を背景として生まれました。さらに細かく背景を見ていくと、「後世、7世代後、【E＝遠慮のこころ&将来世代】」という時間軸のこと、何を遺すかという「【G＝ギフト】」の問題、「創造性」を発揮し合うことの大事さ、そして「ソーシャルデザイン」という社会創造の急務もあります。半農半Xとはこうした課題を乗り越えたいと思ってできたことばですし、本書のベースとなる考え方にもなっています。

講演やワークショップの際、住んでいる地域や活動フィールドを分母に、大好きなこと、得意なこと、気になること、ライフワークなどを3つ、書いてもらう「自分の型」というワークをよくおこないます（１７２ページ、「左手書道」❶にて描いた図）。

❶ 綾部に移住してくれた方から筆ペンでの書を教わり、左手でも書いてみるようになりました。利き手のようには訓練されていないので、未開発な脳の刺激、創造性の開発、またはアウトサイダーアート的でもあります。でも左手もだんだん書いていくと、普通の文字になります。原初的なものを保つのはむずかしいですね。（塩見）

# 半農半X × コンセプトメイク × センス・オブ・ワンダー&アート

## 山口県 下関市



現在の僕の場合だと、分母は山口県下関市。キーワードは「半農半X」×「コンセプトメイク」×「センス・オブ・ワンダー&アート」です。国内外でこのワークショップをたくさんおこなってきて驚いたのは、キーワードが3つとも同じ人と出会ったことはないということです。2つでもレアケースです。そのうえ、分母となるフィールド、居住地が異なります。

ビジネスの世界では、同じ業種が安さなどで競争してしまうことを「レッドオーシャン(血みどろの戦いの場)」といいますが、実は誰とも重ならない美しい「ブルーオーシャン(未開拓かつ競合者のいない場)」の世界が見えないところに広がっているのではないかと思うのです。

人は見かけだけでは、そんなに違いはわかりませんが、このようにキーワードをあげていくと、実に多様であることがわかります。

僕が描く世界ビジョンは、みんながそれぞれのキーワードを開示して【V＝ビジュアライズ（可視化）】、それを【K＝組み合わせ】、さらに未来づくりに活かす時代をつくることです。それぞれの持てるものをもっと活かす時代がつくれないか。家庭でも、学校でも、地域でも、職場でもそれを活かせないかと考えています。

みなさんもぜひ3つのキーワード、書いてみてくださいね。キーワードは翌日違うものに修正してもOKです。まずは書き出してみる、文字にする勇気が大事です。「場づくり」「人をつなぐ」「人の話を聞く」など、それは動詞の表現でもいいのです。

僕は人の持つXの違い、ユニークさを「使命多様性」と呼ぶようになりました。そうした視点を得ると、他者の見え方に変化が生じます。個性も見えやすくなります。ワークショップをおこなうと、みんななぜこんなに違うのかとても不思議です。

同じ親の下に生まれた兄弟姉妹でもみな違います。親が違い、読んできた本や観たテレビや映画も、学んできた師も違い、旅したところも違う、興味を持った分野も違うと、人はここまで違ってくるのですね。

人に会う時は、この人の「Xは何だろう」……そんな視点で話をうかがったり、意見交換をしたりします。「使命多様性」ということばが僕の中に生まれたのは、いまから20年以上前、サラリーマン時代のことです。当時、京都市左京区の曼殊院のあたりに住み、京都市営地下鉄で烏丸四条まで通勤していたのですが、使命多様性ということばにより、人間観が変わりました。地下鉄で乗り合う他者に対しても、「この人にも、あの人にもみんな、それぞれのXがある」と思えるようになったのです。本書を手に取ってくださっているあなたはどんなXをお持ちでしょう。笑顔とか、お年寄りの話を聞くのが好きだとかでもいいのです。

人間観を変えていくこと。いま、大事なことです。使命多様性は、人間だけでなく、植物、動物、昆虫もみな等しく有するものです。

ときどき「自分のXが見つかりません」と尋ねられることもあります。そんな時は「自分のXにこだわらなくても、周囲の人のXを応援するというXもありますよ」といいます。

僕が中学や高校のころも、体育でサッカーがありましたが、誰かのゴールを助ける「アシスト」という考えはまだなかったように思います。いまは、ゴールした人だけでなく、アシストした人もリスペクトされる社会です。使命多様性とアシストをリスペクトする社会。こんな視点がもっと増えればと思います。

以前、**『野ブタ。をプロデュース』（白岩玄、河出書房新社、2004年）**という小説がありました。ぜひ、周囲の誰かのXをプロデュースしてみてください。イノベーションとは新結合。本書でも度々述べているように、地域資源や人のXなどいろいろな新しい組み合わせがこの世に生まれることを祈っています。僕と読者のみなさんも何かコラボをするとかできれば、とってもすてきですね。

いろいろなものの流行りすたりが早い世にあって、半農半Xは約30年という生命を得ています。普遍性を語るには早いかも知れませんが、僕はシンプルな2つの理由が根源にあると思っています。1つ目は「人は何かを食べないと死んでしまう」ということです。生命維持のためには、他の生命をいただかないといけない。これは「生命としての宿命」ですね。2つ目は、人は食べ物があればそれだけで本当は幸せなのだけど、「生きる意味」を求める生き物でもあるということです。生きる意味をなくしてしまうと人は生きていけないのかもしれません。そこに普遍性があり、半農半Xはこれからも生き残っていくコンセプトなのかもと分析しています。

「地方（ローカル）で生きる」のは、この2つの理由を考えるうえで、都市部より有利かもしれないと思います。使命多様性といえば、おもしろいもので、半農半Xから半猟半X、半林半X、半議員半X、半介護半X、半X半ITなどのことばが生まれました。「半」という考え方が時代にあってきたのですね。

アメリカではスラッシュキャリアといって、名刺に「デザイナー／コーチ／子育てママ」といった感じで、職業を複数、スラッシュをつけて表現する生き方が生まれていて、若い世代にはあたりまえのライフスタイルのようです。

日本テレビの「所さんの目がテン！」という番組（2022年7月31日放送分）で、「自伐型林業」❷のことを取り上げていました。その中で、林業をやりながら、ものづくりをする若い夫妻の紹介があり、これぞ「半林半X」、あらためてすてきだと思った次第です。

❷一気に木を伐採してしまう（皆伐）のではなく、間伐を繰り返しながら残った木を成長させて、長期的に、持続可能な形で山を管理していく仕組み。半林半Xも含めた多様な森林経営ができる方法として注目されている。

# X

★あなたならキーワードXを何にする？
★大好きなこと、得意なこと、気になるテーマ、ライフワークなど3つのキーワードをあげるなら？
（自分の型のワーク）

● 人物
白岩玄

● 関連キーワード
【E=遠慮のこころ&将来世代】p.45
【G=ギフト】p.58
【K=組み合わせ&交換】p.86
【V=ビジュアライズ（可視化）&ビジョンメイク】p.158

# Y

# 山の神さま&
# 里山ビジネス

【 Yama no Kamisama & Satoyama Business 】

…………… 分類 ……………

**ベース**

………………………………………

小学生のころ、「山の神さま」という村の子ども行事がありました。12月、小学校高学年が公民館前に集まり、麦ワラをきれいにそいで整え、半割の竹にはさんで簡易の小屋をつくり、山にお供えにいくというものです。山の一角を掃除して、毎年末、新築の家を神さまに贈り、新しい家でお過ごしいただく。地域の見守りと五穀豊穣を祈願するものです。

僕はこうして、「山には神さまがいる」という考え方を学びました。僕は特定の宗教には属したことはありませんが、見えないものを感じるこころを大事にする、アニミズム志向です。

僕の一人娘の子ども時代はどうだったか。村の篤志家により鉄筋の家が寄贈され、子どもたちがするのは掃除のみになりました。毎年更新をし、永遠へと続くのが神道的でいいなと思うのですが、❶子どもの数も減り、しかたがないのかもしれません。

❶「掃除してくれるだけありがたい」と神さまが言っているかもですね。(塩見)

故郷の綾部に住んでいたころ、台湾から視察があると村のフィールドワークにお連れしました。季節が秋だと、村には柿がいっぱいなっています。台湾の人が聞いてきました。「なぜ食べないの?」と。「最初は村人も食べるけれど、多くは余ってしまう」と答えると、「台湾だとみんな食べちゃいます」と不思議がっていました。

最近だと、柿を木に残したままにすると熊を招いてしまうので、早く採るように言われています。いつももったいないと思いながら、見つめていた柿です。都会に持っていくときっと高く売れるでしょう。送料がいるけれど、何とかできないものか。これもうまく、この問題を解決する若い世代が出てきてほしいです。とにかく地元には、足元には宝物がいっぱい。それを活かせる人が少ないのがいまなのですね。

綾部にUターンした1999年の少し前の30歳ころ、写真家の**今森光彦さんの作品集『里山物語――SATOYAMA In Harmony with Neighboring Nature』（新潮社、1995年）**や、エッセイ**『里山の少年』（同、1996年、文庫化は2010年）**を読み、僕の中にマイ里山ブームがきました。

故郷に帰って、思い出したことがあります。小学校時代、子どもたちが山菜のフキを5月の連休の時に採って、地元の商店に買ってもらい、夏の花火大会の費用を自ら稼いでいたことです。いま思えば、子どもたちは地域資源の換金化、里山ビジネスをしていたのだと。根っこを残して採るのでちゃんと循環型です。いまの小学生も資源回収以外の可能性を模索し、創造的なチャレンジをすべし、ですね。

京都府の地域力再生会議の場で、局長のスピーチに驚いたことがあります。「僕たちの子どものころは、フキを採り、神社の境内で大鍋でフキの佃煮をつくり、売っていました」と。子どもが加工までやるとは！　僕より10歳くらい上の方です。食品加工に対し、まだゆるさがあった時代とは思うのですが、上には上がいるものだと思ったものです。

団塊世代（昭和22～24年生まれ）の近所の方からさらに、驚きの話をうかがいました。小学生のころ、漢方の素材となるゲンノショウコなどの山野草を採って漢方屋さんに卸し、みんなでお小遣いを稼いでいたといいます。当時の小学校の先生が「この地域にはたくさんあるので、放課後採って、漢方屋さんに買ってもらったらいいのでは」とアドバイスしてくれたそうです。すばらしい先生ですね。

哲学者の内山節さんの**『「里」という思想』（新潮選書、2005年）**に、お金がなくなった人は山で半年ほど暮らし、お金を得て山を下りてくる、「山上がり」という風習が昭和20年代ぐらいまであったという話が載っていて、衝撃を受けたことがあります。

山には木材以外に食材、工芸素材もあり、水も湧き、まさに宝の山。いろいろなものを与えてくれました。人を再生させる仕組みがあったことに**【R＝リスペクト】**です。

「山の力」は、山に人が入らなくなったことで、以前と比べ多様性が低くなっているかもしれず、いまも山にそんな力があるのかはわかりません。何より僕たちには山を活かす力もなくなってしまっている。それでも、こうしたことに注目する若い世代もゆっくり増えている。それがいまという時代で、希望もあります。

あるイベントで、山に（丘程度でしたが）みんなで行った時のことです。縦列で歩く中、みんなが跨いでいる植物がありました。それを見た植物に詳しい人がひとこと「これはとても珍しいものですよ」と。

「医王の目には、途《みち》に触れて、皆薬なり」（「般若心経秘鍵」）ということばがあります。優れた医師の目から見れば、道端に生えている草はすべて薬と成り得る、というものです。

**『農村起業家になる――地域資源を宝に変える6つの鉄則』（日本経済新聞出版社、2012年）**の著者で、NPO法人えがおつなげて代表の曽根原久司さんは山梨県北杜市で暮らしています。山にはキノコが多く、食卓を彩る期間が長いそうです。

また綾部に住んでおられた野草料理研究家の若杉友子さんは、私たちは食べ物といえば、すぐ「野菜」という発想をしてしまうけれど、足元には野草が豊富にあること、それを知らないだけであることを教えてくれました。

農林水産省食品総合研究所長だった鈴木建夫さんのことばも、いつも思い出します。「欧米の食素材は約2000種類とされ、雑食民族であるアジア人は約1万種類の食材を利用し、中でも鮮度志向の強い日本人は約1万2000種類の食材を用いている」と。さらに鈴木さんはいいます。「世界に誇る豊かな食素材を活用しない手はない」。

最後に、民俗研究家の結城登美雄さんの語ることばをぜひ共有したいです。

宮城県北上町。海と川が出会う、人口4000人の河口の町にも、もうひとつのスローフードがある。（中略）何もないはずの北上町の女性たち13人にアンケートを試みた。1年間自家生産している食材にはどんなものがありますか？　いつ頃種をまき、いつ頃収穫しますか？　さらにそれらの食材はどのように調理料理、加工保有をしていますか？　このわずらわしい問いに全員がていねいに答えを寄せてくれた。その数なんと300余種。内訳は庭先の畑で育てる野菜や穀類が90種。里山から山菜などが40種。きのこ30種、果実と木の実が30種。海から魚介類と海藻が約100種。そして目の前を流れる北上川からウナギ、シジミなど淡水魚が20余種。天然記念物のイヌワシが舞う山々。リアスの海。その海と出会う大河北上川。ていねいに耕された畑。そして黄金色の稲穂実る田んぼ。そこは知られざる食材の宝庫であった。海、山、川、田、畑。食材を育む自然要素をこれだけもっている風土はまれなのだが、なぜか人びとはこの町を何もない町と呼ぶ。おそらく（宮城県）宮崎町同様、この町にもコンビニもファミレスも商店街らしきものがないからだろう。**（現代農業2002年11月増刊『スローフードな日本！——地産地消・食の地元学』農文協、2002年）**

# Y

★あなたならキーワードYを何にする？
★あなたが住むまちや村で
おもしろい素材はないですか？

● 人物
今森光彦
内山節
鈴木建夫
曽根原久司
結城登美雄
若杉友子

● 関連キーワード
【R=Respect & Inspire
（先人知へのリスペクト×若い感性）】p.133

# Z

## 前衛でいこう

【Zenei & Beyond】

分類

**今後の方向性**
**キー動詞**

いつの世、どこの国でも、詩人や画家はその作品のどこか一面、一部分にせよ、時代を抜きんでた前衛(アヴァンギャルド)たるところがなければ、結局、彼は古典となりえず、後世に残ることがないように思われる。

与謝蕪村論で有名な芳賀徹さんのこのことばが、僕は好きです。本書もどこか「前衛たるところ」がある本になっていたらうれしいです。

いよいよAtoZも最終ワードです。最後のキーワード【Z】は「前衛でいこう」で終わろうと思います。ドイツの現代美術家ヨーゼフ・ボイスは「社会彫刻」というコンセプトを残しています。「誰でも未来に向けて社会を彫刻しうるし、しなければならない」という提言。「社会を彫刻する」ということば、刺激的ですね。僕らも「社会彫刻家」になっていけたらと思います。宮沢賢治のようにボイスは「すべての人は芸術家である」といっています。

地方だけど、どこか最先端。そんなまちがいいなと思います。みなさんが住む地は何か先端性がありますか?

10代が参加する議会改革でも、図書館を活かしたまちづくりでも、日本各地に広まっている「高校魅力化プロジェクト」でも、地元産の有機野菜を使った学校給食でも、空き店舗ゼロになった商店街でも、ボランティア登録が多いまちでも何でもいいので、どこか1つ突き抜けたものがあればと思います。岩手県花巻市役所にある「賢治まちづくり課」も、いいですね。

そんな「地方だけど最先端」ができそうな地として注目しているまちがあります。僕は20代のころから、四国遍路に関心を持つようになりました。88カ所巡礼のスタート地点、第一番札所の霊山寺があるのは、徳島県鳴門市です。四国巡礼は、徳島（阿波）は「発心《ほっしん》の道場」、高知（土佐）は「修行《しょぎょう》の道場」、愛媛（伊予）は「菩提《ぼだい》の道場」、そして香川（讃岐）は「涅槃《ねはん》の道場」と表現されます。鳴門市役所にはぜひ人々の「発心（第一歩を踏み出すこと）」を応援するような試み、まちづくりもしていただきたいと思っています。

我が故郷、綾部市なら何でしょう？　綾部市は合気道の創始者である植芝盛平翁が「合気道の型」を発見した地です。そして同市の小中一貫校である上林中学校の体育の授業では、植芝翁にちなみ合気道を修めます。この創始者の故郷、和歌山県田辺市ではさすがの11校（2023年4月現在）が取り入れています。これもすてきですね。

北海道の東川町は「写真の町」。フォトジェニックなまちをめざしてきたのがすてきです。東川町で毎年おこなわれている高校生のための選手権「写真甲子園」。僕も高校時代は写真部だったので、当時、そんな催しがあったらめざしていたでしょう。

宮崎県の日南海岸にある青島中学校には、部活で「サーフィン部」ができたそうです。日南海岸は「サーフィン移住」も多い地といいますが、中学の部活になるってすてきですね。埼玉県立川口工業高校の「掃除部」も斬新です。

このような、きっとたくさんの前衛がこの国にあるはず。それをもっと前に出していい時代がいまだと思うのです。古いものを【R＝Respect】しつつ、前衛性を競い合う日本になればいいですね。閉塞感があると言われる日本への処方となるでしょう。

東京都町田市の「しぜんの国保育園」では、朝、子どもたちが園に来ると、自分がその日、やりたいことを選べるそうです。「ままごと」「研究」「建築」「音楽」「アトリエ」など、テーマ別の部屋があり、日々選んでいきます。そんな保育園に通っていたら、僕たちはどうなっていたでしょう。すぐにはできなくても、前衛的な発想を生活に、教育に、社会に応用すること、取り入れることはできそうです。

これは個人でも、そして家庭にあっても、めざせることではないかと思います。我が家の先端性は何か？　そんなことをめざすユニークな家族が日本にも増えたらと思います。

家族にも、地域にも、仲間がいないから無理？　大事なのは人のせいにしないこと。自分から始めていくことです。いま評価されなくても、「死後の評価でいい」と思うことです。

僕は【H＝1人1研究所】を提唱していますが、1つの市区町村に1つ、そのまち独自の研究所ができないかなとも思っています。それは公設でも民営でもいい。島根県大田市の観光カリスマ、松場登美さんは「石見銀山生活文化研究所」という屋号でまちづくり、古民家再生などに励んでおられます。

青森県八戸市の「八戸せんべい汁研究所」というのもいいですね。1人1研究所社会と1まち1研究所社会。これらが同時にこの国で進んでいけばと思います。みなさんのまちなら、どんな研究所があればいいですか？　つくりたいですか？

どこかに先端性をもつまちですが、他者がつくってくれないかなと待っていても、その時はやって来ません。自分でつくっていきましょうというのが【Z】のメッセージ。そしてA to Z全編を通じての26のメッセージです。

みんなとの共創も大事だけど、独創も大事です。まちづくりなどに関わる中で、「コンセプトをみんなで決めよう」といろいろ意見を出し合っても、出せば出すほど、ふつうのもの、陳腐なものになっていく経験をしたことがあります。なぜそうなるか、とても不思議でした。

おすすめ本である**細谷功さんの『具体と抽象――世界が変わって見える知性のしくみ』（dZERO、2014年）**という本に出会い、コンセプトはみんなでつくるものではなく、人数が多くなるほど焦点がぼけ、角がとれ、凡庸なものになることを教わり、納得しました。具体的な細かいことはみんなでつくればいいけれど、コンセプトはそうではないのですね。

あなたはこれから、どんな前衛を見せてくれるでしょうか？　好きなアーティストの前衛を待つのもいいけれど、自ら何か挑戦していきましょう。それはほんの小さなことでいいのです。1年かけても、10年かけても、30年かけてもいいので、ゆっくりでいいので、この世界を変化させていきましょう。

ただし「ゆっくり急げ」の精神で。難問山積みだけど、希望は自分でつくる、です。「経営コンサルタント」という言葉を生み出したピーター・ドラッカーいわく「変化はコントロールできない。できるのは変化の先頭に立つことだけである」。

100年ほど前、世界には「社会改良家」という人がたくさんいました。いま、社会改良家ということばはなんだか新鮮な響きですが、たとえ小さくともどこか改良していく精神は大事です。

宮崎県を観光で有名にした岩切章太郎さんはこう言いました。「心配するな工夫せよ」と。とにかく、人生に、社会に、未来に工夫を、です。人は逝く時、後悔する人も多いといいます。とにかく後悔をしない人生を送っていきましょう。僕もそんな人生を送っていきます。

# Z

★あなたならキーワードZを何にする？
★いま、地域で、日本で、
世界で試みたい、秘めたるプロジェクトとは？

● 人物
岩切章太郎
植芝盛平
芳賀徹
ピーター・ドラッカー
細谷功
松場登美
宮沢賢治
与謝蕪村
ヨーゼフ・ボイス

● 関連キーワード
【H=1人1研究所】p.65
【R=Respect & Inspire
（先人知へのリスペクト×若い感性）】p.133

# キーワード索引

著者紹介

**塩見直紀**（しおみ・なおき）

半農半X研究所代表／総務省地域力創造アドバイザー／Local AtoZ Maker
1965年、京都府綾部市生まれ。フェリシモに約10年在籍。1999年、33歳を機に故郷の綾部へUターン。2000年、「半農半X研究所」を設立。21世紀の生き方、暮らし方として、「半農半X（エックス＝天職）」コンセプトを約30年前から提唱。著書に『半農半Xという生き方【決定版】』（ちくま文庫、2014年）『塩見直紀の京都発コンセプト88——半農半Xから1人1研究所まで』（京都新聞出版センター、2023年）など。
半農半X本は翻訳され、台湾、中国、韓国、ベトナムでも発売され、海外講演もおこなう。若い世代のX応援のために、コンセプトスクールや半農半Xデザインスクール、綾部ローカルビジネスデザインスクール、スモールビジネス女性起業塾（京都府北部対象）などもおこなってきた。古典的編集手法「AtoZ」を使って、人と地域（集落）のXの可視化や地域資源活用のためのアイデアブック（未来の問題集）づくりもおこなう。京都市立芸術大学大学院美術研究科博士後期課程（メディア・アート領域）単位取得退学、美術博士。2021年より妻の故郷、山口県下関市に移住。

- 塩見直紀メールアドレス　conceptforx@gmail.com
- 塩見直紀 note　https://note.com/shiominaoki
- 塩見直紀 FB　https://www.facebook.com/xforshiomi.naoki
- AtoZ MAKERS（AtoZ 専用サイト）　https://atozconcept.net
- IDEA BOOKS MAKERS（アイデアブック専用サイト）　https://ideabookconcept.net

カバーデザイン　庄司 誠（ebitai design）
カバー、本文イラスト　花松あゆみ

★かんがえるタネ★
半農半X的
これからの生き方キーワード AtoZ

2023年6月20日　第1刷発行

著　者　塩見 直紀
発行所　一般社団法人　農山漁村文化協会
〒335-0022　埼玉県戸田市上戸田2丁目2-2
電　話　048(233)9351（営業）　048(233)9376（編集）
F A X　048(299)2812　振替00120-3-144478
U R L　https://www.ruralnet.or.jp/

ISBN978-4-540-23121-6
〈検印廃止〉

DTP制作／(株)農文協プロダクション　印刷／(株)新協　製本／根本製本(株)
定価はカバーに表示
乱丁・落丁本はお取り替えいたします。